U0049362

Raspberry Pi 快速上手指南

梅克・施密特　著

讀者現身說法

「Raspberry Pi 將之前在家用電腦實驗的黃金歲月給帶了回來，而且梅克的書真的是個非常好的起始點。在書中所包含的專題，適用於所有年齡與等級的 Raspberry Pi 使用者。」

—— Tony Williamitis，資深嵌入式系統工程師

「梅克利用這本書讓您了解 Raspberry Pi 能做哪些事，而且這本書寫得顯淺易懂，讓我非常直觀地了解了 Pi 能做什麼，並且也給了我一些之後專題的靈感。」

—— Stephen Orr，科技愛好者及網頁開發者

「每個 Raspberry Pi 的玩家在開始深入了解 Raspsberry Pi 前都應該擁有這本使用手冊，此書內容簡潔有力，但卻不失全面性，真的是本好書，我無法在用其他形容詞來描述它了。」

—— Thomas Lockney，DorkbotPDX 的專業極客

「非常簡潔又實用的 Raspberry Pi 教學書。」

—— Michael Hunter

目錄

致謝

　　每當我告訴身旁的人們我是個作者，他們總是對我投以仰慕的眼光。由此可知許多人認為寫作就是坐在一張舊木桌前，細細品嘗紅酒並凝視著窗外的狂風暴雨。對我來說寫作並不是這麼一回事，不過在我大部分的寫作過程中，還是有著許多的樂趣。

　　而我在寫這本書時許多的樂趣來自於我這本書的編輯——Jacquelyn Carter，每當我在寫作上碰到瓶頸時，她總是在旁細心地協助我，讓許多問題迎刃而解。真的非常謝謝你 Jackie！

　　此外，我還要感謝 Pragmatic Bookshelf 團隊給我相當多且即時的幫助，如果沒有你們我不可能完成這本書。

　　由於在此書中，必須處理許多電子電路相關的專題，於是我使用 Fritzing[1] 來繪製電路圖。我相當感謝 Fritzing 團隊能讓大眾免費使用功能如此強大的工具軟體。另外 Gordon Henderson 所寫的 WiringPi[2] 部落格文章，讓我能輕易地運用 Pi 的 GPIO 針腳，也讓我省去許多低階程式除錯的時間。

　　還有感謝 Simon Quernhorst 允許我將他的經典遊戲《A-VCS-tec Challenge》圖片放在書中。

　　另外，我也感謝讀者們的回饋，在此感謝：Daniel Bachfeld、Gordon Haggart、Michael Hunter、Thomas Lockney、Angus Neil、Stephen

1. http://fritzing.org/
2. https://projects.drogon.net/raspberry-pi/wiringpi/

Orr、Mike Riley、Sam Rose、Mike Williamitis，還有 Tony Williamitis，有你們的建議才能使這本書更臻完美。

　　最後，我要感謝 Tanja 與 Mika，謝謝你們的耐心與體諒，我非常高興能擁有你們這兩位朋友。

序

　　近十年來電腦價格愈來愈便宜，因此電腦現在不只是放在電腦桌下而已，您可發現在生活周遭許多的產品中都有電腦的影子，如：智慧型手機或 DVD 播放器。雖然電腦已經很便宜了，但您並不會在買雜貨時順手買一臺電腦吧。因為您至少要花個幾年來用它，所以您總是在購買電腦時考慮許久。

　　像 Raspberry Pi 這類的電腦將會在不久的未來產生極大的影響力。所謂的 Raspberry Pi 或 Pi 是款相當成熟的桌上型電腦，而且只需花費您 35 塊美元，就可以擁有上網、播放高解析度影像等功能，此外由於作業系統採用 Linux，因此您不需額外支付作業系統的費用。以上這幾點，可能會讓 Pi 成為電腦歷史上第一臺拋棄式電腦。

　　一開始樹莓派基金會[1]（Raspberry Pi Foundation）設計 Pi 的目的是用來教小朋友們如何設計程式，因此 Pi 被拿來當作教學裝置並不意外。而最重要的是，您可將 Pi 當成身旁已有的裝置，舉例來說，當作多媒體娛樂中心或者是便宜但功能強大的網路伺服器，甚至是經典遊戲的模擬器。

　　此外 Pi 也能用來製作電子專題，相對於目前正火紅的 Arduino 控制板，Pi 是採用較成熟的作業系統，因此您可使用較多的程式語言來撰寫您的專題。

　　像 Pi 這種小又便宜的裝置將引領我們進入一個微電腦普及的新大

---

1. http://www.raspberrypi.org/

陸，而您就是其中的一份子，藉由這本書您可更快速地進入這個新世界。

誰適合閱讀這本書？

任何一位想了解如何使用 Raspberry Pi 的人都適合閱讀這本書，即使您先前已有其他電腦的使用經驗。從此書中您會了解到 Pi 還是有些許的不同，因此這本書的目的在協助您，避免您掉入一些陷阱中。

您可選擇許多種不同的作業系統給 Pi 使用，但本書將重點放在適合初學者使用的 Debian Linux（Raspbian）上。假若您從未使用過 Linux 系統或者您已經使用過 Linux 系統了，都可從附錄〈Linux 入門〉開始看起，因為在 Pi 上執行 Linux 與在一般電腦上執行 Linux 有些許的不同。

如果您手邊正好有 Raspberry Pi，並按照本書的步驟及範例來做，您將會有更大的幫助。

這本書主要的內容為何？

雖然 Raspberry Pi 並沒有提供說明書，但您仍可藉由這本書一步一步地了解如何操作這臺微電腦。本書不只有硬體方面的內容，也有介紹如何執行不同的作業系統，還有如何將 Pi 當成多媒體娛樂中心來使用。

以下是您將會學到的內容：

- 本書一開始由 Raspberry Pi 的硬體架構切入，首先您將會學到 Pi 的 I/O 埠的功能與哪些是您一開始所需要的周邊硬體。
- 在您將 Pi 連接上周邊所需的裝置後，接著就輪到作業系統了，即使 Pi 在近期才崛起，但您已有許多作業系統可選擇，並了解每一種作業系統的優缺點為何。
- 在 Pi 上安裝作業系統與在一般電腦上的安裝方式有所不同，接著您將會學到如何在 Pi 上建置 Debian Linux 作業系統並執行它。

- 當 Debian Linux 已可在 Pi 上執行時，這時就輪到設定組態參數登場了。舉例來說，設定適合您的鍵盤配置就是其中一組設定參數。此外，您也會學到如何安裝、更新以及移除軟體。

- 此外特別針對 Pi 的硬體方面，主要重點放在圖像硬體上，取決於您所用顯示器的不同，Pi 的韌體會有許多不同的低階設定需要調整，因此您將會學到如何設定並解決常見的韌體問題。

- 為了測試在 Pi 上花最小的功夫能做出什麼來，您將會學到如何將 Pi 當作公共資訊系統。它將能顯示一組靜態的跑馬燈，舉例來說，網路上的即時訊息就是一組跑馬燈。

- 截至目前為止，大部分情況下您都是單獨使用 Pi，於是接著您將學到如何將它與網路整合。您將可利用 Pi 來執行您每天的待辦事項，例如：瀏覽網頁，另外您也可透過安全殼程式協定（Secure Shell）來建立安全登入機制，甚至您也可將 Pi 開發成網頁伺服器。此外您也將學到如何在 Pi 與桌上型電腦間互相分享桌面。

- 藉由 XBMC 軟體，您可將 Raspberry Pi 變身成一個多媒體娛樂中心。您不只可在客廳中與朋友們分享您的照片集，也可以播放任何格式的音樂檔案。此外，您也可觀賞高畫質的電影以及電視節目。

- 一開始 Raspberry 團隊開發 Pi 的目的是當作課程教材使用，但您也可將它當作電玩模擬器使用。即便它可用來執行第一人稱射擊遊戲（FPS，first-person shooters），您或許會偏好一些經典的遊戲模式，例如：互動虛構小說（interactive fiction）或點擊冒險遊戲（point-and-click adventure）。

- 而 Pi 相對於一般電腦最大的特點在於它的 GPIO 針腳，在本書的最後一章，您將會學到如何簡單運用這些針腳來將 Pi 與您的電子專題連接起來。

• 在附錄中將為您簡單地介紹 Linux 系統，若您從未使用過 Linux 系統，建議您先閱讀附錄再接著閱讀第三章。

如何取得 Raspberry Pi 與其他額外的硬體裝置？

在剛開始的時候，在英國只有兩家廠商製造並販賣 Raspberry Pi，一間是 Farnell [2] 另一間是 RS Components [3]。時至今日已有許多管道您可買到 Raspberry Pi，如：Adafruit [4]、sparkfun [5] 或 Makershed [6]。以上這些網路商店都有賣適用於 Pi 的額外周邊硬體，例如：電源供應器、鍵盤與滑鼠等。

您可在本計畫的「維基百科 [7]」裡找到可相容的硬體清單，而這清單裡的品項正不斷地增加。如果選購硬體時有困擾的話，您可以到我們這裡講到網路商店購買。

Debian Linux

對 Pi 而言最適合也最多人用的作業系統就是 Linux，而 Linux 有非常多的版本都適用於 Pi，在此書中我們選擇 Debian，但最近 Debian 團隊冷凍了最新版的 wheezy，不過別擔心，由於 Raspbian 團隊 [8] 的努力，已可在 Pi 上使用它了。這作業系統就叫 Raspbian，它取代了 Debian 所釋出的版本，並受推崇為 Pi 的建議作業系統。

而 Raspbian 版本比先前的其他版本要多出許多優勢。它更快，更多新版軟體，並且在未來會更趨穩定。此外它也是 Raspberry 團隊首選的作業系統，所以在此書中將重點放在 Raspbian 上。

---

2 http://www.farnell.com/
3 http://www.rs-online.com/
4 http://adafruit.com/
5 http://sparkfun.com/
6 http://makershed.com
7 http://elinux.org/RPi_VerifiedPeripherals
8 http://www.raspbian.org/

常用的程式範例與程式架構

您在此書中會發現有部分的程式類型是 PHP 或 HTML，並在 Bash shell 中撰寫程式。這些範例都非常精簡，假若您先前已有學過程式設計，這對您來說將是小事一樁，但如果你沒學過程式設計也沒關係，您可以將這些程式複製到您的 Pi 上並執行。

線上資源

這本書附有自己的線上網頁（http://pragprog.com/titles/msraspi），您可從網站下載所有的程式範例，或者您也可以點擊每個程式範例下方的資料夾來直接下載整個來源檔。您也可在網站上的論壇與其他讀者，甚至我一起討論您發現的錯誤、拼字錯誤或其他惱人的問題，另外請不要吝於在勘誤的頁面中分享您所遭遇的問題。

現在就開箱，然後開心的玩 Pi 吧！

1. 認識 Raspberry Pi

在您第一次使用 Raspberry Pi 之前，最好先熟悉它的連接插頭以及它能做些什麼。這麼做將有助於您未來找尋專題方向，以及選擇週邊硬體。舉例來說，您需要電源供應器、鍵盤、滑鼠與螢幕。在此章節中您也能了解哪一個裝置最適合您自己的 Pi。

1.1 了解硬體

替 Pi 開箱是一件非常令人興奮的事。通常的情況下，Pi 都和一兩頁的電子設備安全指引與快速上手指南放在一個硬紙板製的普通紙盒裡，所以它還是比不上替 Apple 產品開箱來得過癮。

第一版的 Pi 是一塊信用卡大小的單板電腦（single-board computer），而且沒有外殼，感覺只能吸引徹頭徹尾的極客（geek）而已。從某種角度來看，它類似您小時候可能打開過的許多電子設備的內部結構。而最新版的 Pi 或許會有外殼，但到那時候我們應把焦點擺在板子的內部功能，這才是最重要的，不是嗎？

Pi 裡有甚麼

Pi 大致上可分為 A、B 兩種模組，其中模組 A 比較便宜，但相對模組 B 而言，連接插頭較少。接下來的內容裡我將會詳細描述這兩者的不同點在哪兒，但在我撰寫此書時，模組 A 仍然還是無法購買（譯

註：2013 年 2 月 4 日已可購買，但銷售區域只限於歐洲）。所以在本書中我會將重點放在模組 B（如圖 1）。

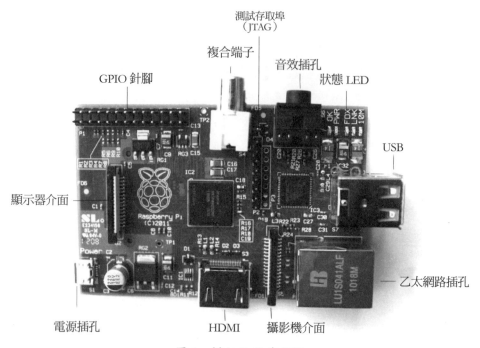

測試存取埠
（JTAG）

複合端子

音效插孔

GPIO 針腳

狀態 LED

USB

顯示器介面

乙太網路插孔

電源插孔　　　　　　　HDMI　　攝影機介面

圖 1　模組 B 的俯視圖

　　所有 Pi 的模組都採用相同的運算核心：一塊名叫 BCM2835 [1] 的系統單晶片（SoC），常用於智慧型手機中。它的特徵是便宜、高效率，而且不耗電，也因此 Raspberry 團隊認為這塊晶片最適合 Pi 來使用。

　　相對於一般的電腦架構，系統單晶片整合了中央處理（CPU）、圖像處理器（GPU）與記憶體到一塊小小的板子上。這塊 BCM2835 採用了 700MHz 的 ARM1176JZ-F 中央處理器、512MB 的隨機存取記憶體（RAM）以及名為 VideoCore IV 的圖像處理器。第一批生產的 Pi 只有 256MB 的隨機存取記憶體，當您要購買 Pi 時，須注意記憶體容量是否

1. http://www.broadcom.com/products/BCM2835

為 512MB。

對純使用者來說，圖像處理器是比較麻煩的區塊，由於它的設計及韌體部分有專利，所以原始碼並不開放。對於某些 Pi 的使用者來說這個問題並不要緊，但對於極度支持自由軟體的使用者來說心裡會有疙瘩。但至少製造商博通（Broadcom）在柏克萊軟體散布授權條款（BSD，Berkeley Software Distribution）下釋放了圖像驅動器的原始碼。

Pi 上大多數的連接插頭您應該都很熟悉。舉例來說，在 Pi 模組 B 的這塊板子上，您可找到兩個一般大小的 USB 插頭，您可用它來連接鍵盤與滑鼠。您也可找到一個 micro-USB 插頭，但它只能用來供電，所以您無法用它來連接更多裝置。假若您需要連接更多的裝置，那麼您必須將它們連接到一個 USB 分接器。相對來說，模組 A 只有一個 USB 插頭，所以您可能會需要一個額外的 USB 分接器。

您可直接透過模組 B 上的乙太（LAN）插頭直接將 Pi 與網路相連，而模組 A 並沒有乙太插頭，但您可以透過附加一個 USB-to-Ethernet 轉換器來連上網。有趣的是，而模組 B 也是使用它內部的 USB 硬體來連上網，所以，模組 B 與有著 USB-to-Ethernet 轉換器的模組 A 彼此之間的聯網效能其實並無差別。

由於 Pi 上配有複合端子（Composite video connector，又稱 AV 端子）插頭與高清晰度多媒體介面（HDMI，High Definition Multimedia Interface）插頭，您可選擇其中之一將 Pi 連接到顯示器或電視螢幕上。數位 HDMI 標準的效能還是比傳統的 AV 端子強得多。使用 HDMI，您可以顯示高清畫質的影像，而 AV 端子卻只能限制在顯示傳統的影像——較年長的極客記憶中兒時的電視影像。您若使用 AV 端子，高清畫質的影像就無法顯示，而且輸出的畫面會有點閃爍。雖然大多數的電視目前都還附有 AV 端子接頭，但它這最大的優勢很快地就會全面地被 HDMI 取代掉。順帶一提，板上並沒有 VGA 埠，因為 Raspberry 團隊認為 VGA 未來也會被 HDMI 所取代。當然地，您也可以使用轉接頭來將 Pi 的 HDMI 影像輸出到一個數位視訊介面（DVI）或視訊圖形陣列（VGA，Video Graphics Array）顯示器。

您可以利用 HDMI 同時發送聲音與影像，但換作是 AV 端子的話，您需要另外使用一個音效連接器。這就是 AV 端子插頭旁邊有個音效插座的原因——您可以將使用標準 3.5mm 接頭的耳機、揚聲器或是您的音效接收器插上這個插座。

在 AV 端子埠的左側您會看到包含兩排針腳的擴充接頭，這些針腳大多數是一般用途輸出入針腳（GPIOs，general-purpose input/output pins），您可以用它來將其他電子裝置連接到 Pi 上。或許您已經從這些針腳的名稱上猜到，它們除了輸出入訊號外並沒有其他的特殊用途，所以您可利用它們來做一些不同的事情。舉例來說，您可以利用擴充接頭將老式的 Atari VCS 2600 遊戲控制器連到 Pi 上，這樣就可以使用模擬器來玩您自己最喜歡的 8 位元遊戲。在第 125 頁第九章中，您將會學到如何使用擴充接頭，以及親手打造一個小型的硬體專題。

另外您也可在板子上找到其他的連接插頭。CSI 連接插頭 [2] 是用來將攝影機連接到 Pi 上。DSI 連接插頭 [3] 是將顯示器連接到 Pi 上。另外還有可用來除錯的 JTAG 接頭 [4]。

Pi 的板子上還有五顆用來表示板子狀態的 LED，它們所代表的意義如下：

- OK LED 用來表示 SD 卡的存取狀態：當板子在存取 SD 卡時，該 LED 會閃爍。這顆 LED 可以用軟體來控制，所以它所表示的意義並不全然正確。
- 當 Pi 接上電源後，PWR LED 便會亮起。
- FDX LED 亮起時，這表示網路連線全雙通。
- 當網路連線啟動後，LNK LED 便開始閃爍。

---

2. http://en.wikipedia.org/wiki/Camera_interface
3. http://en.wikipedia.org/wiki/Display_Serial_Interface
4. http://en.wikipedia.org/wiki/Jtag

- 另外使用 10M LED 來表示乙太連線的傳輸速率是 10Mbit/s 或是 100Mbit/s。若該 LED 恆亮，表示板子的乙太連線傳輸速率達到 100Mbit/s。

在以下的圖中您可以看到 Pi 的背面，而且您也可以看到在板子的右側為 SD 卡的插槽。

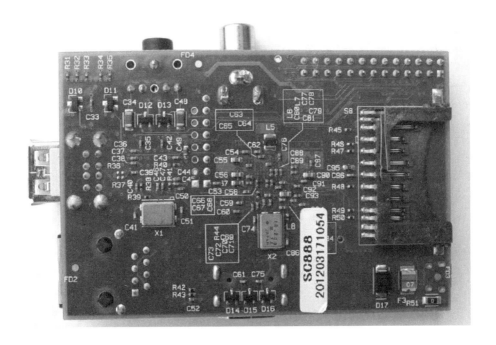

而板子並沒有內建硬碟，所以您必須用 SD 卡來開機。您在之前可能已經用過 SD 卡了，因為它是一種使用度非常高的儲存媒介，數位相機、手機以及手持式遊戲機裡都可以看到它的蹤影。SD 卡有很多尺寸，而且記憶體容量也不盡相同，範圍從 1GB 到 64GB 都有（請參考下圖）。

什麼是 Pi 所缺少的

　　Pi 可說是一個便宜又大碗的產品，但仍有部分的好用功能是它所缺少的。例如：Pi 中缺少附帶備用電源的實時時鐘（RTC，real-time clock），以及它沒有基本輸入輸出系統（BIOS，Basic Input Output System）[5]。關於時鐘的部分您可透過連接網路時間伺服器來獲取時間，而且大部分的作業系統都是自動這樣做的。至於缺少 BIOS 的問題，這麻煩就比較大了。

　　簡單來說，由於 BIOS 是儲存在唯讀記憶體（ROM，read-only memory）裡的一個程式，在電腦開機時會執行它。除其他事項外，它專門負責新裝置的預設組態以及決定開機順序。舉例來說，您可以利用 BIOS 指定是要從硬碟開機，或是從光碟機開機。但 Pi 本身並沒有 BIOS，所以必須每次以 SD 卡開機。即使您在 USB 或隨身硬碟中建立了一個非常好用的作業系統，您還是無法開機。當然，您依舊可以使用外部儲存裝置，但是您不能使用這些裝置來啟動 Pi。

　　另外 Pi 的原始設定並不支援藍牙或是無線網路，但您可以藉由 USB 適配器（USB dongles）來擴充這些功能。但麻煩的是，大多數的

Linux 作業系統版本只支援特定的硬體裝置,所以當您要加裝擴充裝置前,請先確認您所安裝的 Linux 版本是否支援該裝置(在前面第 14 頁,〈該如何取得 Raspberry Pi 與其他額外的硬體裝置〉中有到哪裡取得相容硬體的建議)。同樣的事情也發生在其他種類的硬體上,像是麥克風或是網路攝影機。反正只要您的作業系統以及應用程式支援您的裝置,那就什麼問題都沒有了。否則的話,您只好多方嘗試其他的替代裝置來搭配您的作業系統。

現在您已了解 Pi 上的連接接頭了,在下一節中將為您介紹何種裝置能與 Pi 搭配。

1.2 其他需知

在第一次打開裝著 Pi 的箱子後您會很快地發現,Raspberry 團隊把「帶您自己的周邊裝置」[6] 這句真言發揮得淋漓盡致。為什麼這麼說呢?因為盒子裡只有一塊板子並沒有其他周邊的硬體裝置,您必須利用其他一些裝置來讓這塊板子動起來。而這些裝置大部分在您自己的家裡已經有了。

選擇電源供應器

首先,由於這塊板子目前並沒有附電源供應器,所以您必須找到一個附有 micro USB 接頭的電源供應器。根據 Pi 的產品說明書內容,A 與 B 兩個模組都需要可提供電壓 5V 的電源供應器。而且,若您使用的是模組 A,則必須採用電流可提供 300mA 的電源供應器;若您使用的是模組 B,則必須採用電流可提供 700mA 的電源供應器。根據 Pi 所連接的裝置,它需要的電流甚至會更大。

許多手機的充電器符合 Pi 的需求,而且這並不是一個巧合。因為手機充電器無所不在,所以 Raspberry 團隊希望能使用它來替 Pi 供電。我曾經有一陣子使用三星 S II 的充電器來當我第一個專題的電源供應

6. Bring Your Own Peripherals

器。剛開始還滿好用的，但當我把裝置愈加愈多時，它的表現就無法滿足我的需求了。於是我改用貝爾金（Belkin）所生產的充電器（請參考圖 2），情況就改善很多了，它可供給的電流高達 1A。但若您還是想加裝更多的裝置，還是需要繼續升級您的電源供應器。

有關電源供應，Pi 最大的限制是，它的 USB 埠可提供外接裝置的電流最高只有 100mA。所以，只要您的鍵盤與滑鼠需要的電流都是 100mA，那在運作上就不會有問題。一般來說，您可以在裝置的背後找到一個上面有著電力特性的小貼紙。如果某個裝置使用的電流超過 100mA，遲早您會發現到一些奇怪的反應[7]。為了保險起見，建議模組 B 採用能供給 1A 至 1.2A 的電源供應器，而模組 A 則採用能供給 500mA 至 700mA 的電源供應器。

您可透過有供電的 USB 分接器來克服上述的問題，但這並不是適用於每個產品。所以，在您購買 Pi 可使用的額外裝置之前，最好還是先上網查詢一下這個專題的相關資訊比較妥當[8]。

圖 2　貝爾金所生產的充電器

---

7 http://elinux.org/RPi_Hardware#Power
8 http://elinux.org/RPi_VerifiedPeripherals

選擇 SD 卡

即使您有了完美的電源供應器，當開啟 Pi 時，它還是不能做什麼，因為您需要一塊已搭載作業系統的 SD 卡。您可以購買事先下載好作業系統的 SD 卡，[9] 或者您也可以自行購買空白的 SD 卡，並且自己下載作業系統，在 2.2 節〈準備可開機的 SD 卡〉會介紹怎麼做。我們通常會採用後者，因為這樣能確保您為 Pi 所準備的軟體為最新、最好的。舉例來說，我在撰寫本書時，一些事先下載好作業系統的 SD 卡，它的系統版本是 Debian squeeze，但這個版本現已被 Debian wheezy（Raspbian）所取代。而 Raspbian 不斷地優化，最新發布的版本自動支援有著 512MB 隨機存取記憶體的新 Raspberry Pi 模組。

有部分使用者曾回報 SD 卡不相容的問題，當您也遇到相同問題時，請參考 14 頁──〈該如何取得 Raspberry Pi 與其他額外的硬體裝置〉。理論上，您可使用各種容量的 SD 卡。當然，根據您所安裝的作業系統、應用程式，以及之後在 Pi 上所建立的資料量多寡，可以知道至少需要多少記憶體容量的 SD 卡。如同現實生活裡數大便是美的經驗，最好還是採用容量大於 4GB 以上的 SD 卡。

接上鍵盤與滑鼠

除非您打算將 Pi 當作無需使用螢幕、鍵盤與滑鼠的獨立系統（headless system）[10]，不然您一定需要鍵盤與滑鼠。或許您手邊剛好有多的鍵盤與滑鼠，只要這些鍵盤與滑鼠的接頭上有 USB 連接頭，就可以配合 Pi 來使用。有時鍵盤內部的 USB 分接器可能會造成鍵盤無反應或連續出現您鍵盤輸入的字符，其原因在於它從 Pi 那裡偷了一些電流，而這些電流可能原本是要給其他東西使用的。當您遇到此問題時，請先嘗試更換鍵盤或是將鍵盤連接到可自供電的 USB 分接器上。但最

9 http://uk.farnell.com/raspberry-pi-accessories#operatingsystem or http://uk.rs-online.com/web/p/flash-memory/
10 http://en.wikipedia.org/wiki/Headless_system

好還是希望鍵盤及滑鼠所消耗的電流小於 100mA。

有一些無線鍵盤與無線滑鼠在 Pi 上運作得不是很好，其原因在於 Linux 作業系統不支援。所以為避免問題產生，在一開始使用 Pi 時，您最好還是保守一點，先採用有線的裝置，在確認它們都能正常運作後，再逐一更換為您想使用的其他元件。

一般來說，您將會需要用到兩個以上的 USB 裝置（或者一個以上，如果您用的 Pi 是模組 A），因此您可以使用 USB 分接器將多出來的裝置連接到 Pi 上。為了確保您使用的 USB 分接器能傳導足夠的電流給所有連接的裝置，在大部分的情況下，最好使用可自我供電的 USB 分接器。

顯示器的選擇

不同的顯示器需要不同的纜線接頭，因此您可選擇 HDMI 纜線接頭或是 AV 端子纜線接頭。若您使用的是 HDMI 而您的顯示器也有音效輸出，那麼您便已完成這個步驟。否則，您必須額外使用標準的 3.5mmTRS 連接接頭來連接 Pi 的音效插座與您的聲音系統。同樣的連接接頭您也可以在 iPod 的耳機纜線連接頭上找到，當然地，您也可以拿它來用。

選擇正確的網路裝置

如果您使用的 Pi 是模組 B，而且想要將它連上網路，那麼您只需要將網路線插入乙太埠即可連網。假若您使用的 Pi 是模組 A，那麼您必須額外購買 USB-to-Ethernet 轉接接頭。

添加外殼

未來新版的 Pi 可能會搭配外殼一同銷售，但到目前為止，外殼的部分還沒提供，所以保護 Pi 的做法就必須您自己去處理。就像許多電子裝置一樣，Pi 對於粉塵與可導電表面相當敏感，所以您遲早會將它藏在一個殼子裡。

　　在 Pi 社群裡的成員非常有創意，早有一群人自己利用樂高積木 [11]，甚至使用紙板 [12] 做出 Pi 的外殼。但這些自製的外殼都有個很大的問題，那就是外殼讓 Pi 的轉接頭插取變得很不方便。所以，最好的辦法還是到 Adafruit[13] 或 MidMyPi[14] 上選購專用的外殼。

　　除了上述所提到的所有裝置外，您仍需要一臺能獨立作業的電腦來處理一些工作，例如將映像檔複製到 SD 卡中，或是交叉編譯應用程式。所以這樣看下來，要把 Pi 整個安裝起來感覺沒有像一開始所想的那麼便宜。

　　當您把所有連接纜線都安裝到 Pi 上，並將它擺在桌上後，整體看起來就顯得十分雜亂（請參考下圖）。在不管 Pi 的外觀下，它已經準備好要讓您進行第一次測試了！

11　http://www.raspberrypi.org/archives/1515
12　http://squareitround.co.uk/Resources/Punnet_net_Alpha3.pdf
13　https://www.adafruit.com/products/859
14　http://modmypi.com

1.3 下一階段

在本章的內文中，您認識了 Pi 的所有連接接頭的功能，還有學會那些額外的裝置是您所需要增加的，以及如何挑選正確的裝置。理論上，Pi 已經可以進行第一次的啟動了，但如果沒有作業系統的配合，它什麼事也不能做。在下一章的內容中，我將為您介紹如何選擇或建立一個完整的 Linux 作業系統。

2. 安裝作業系統

　　就像每一種電腦一樣，Raspberry Pi 也需要作業系統，而作業系統中最適合 Pi 的莫過於 Linux 了。選用 Linux 的原因部分是看中它是自由軟體（相當重要）的關係，但最主要的原因是，Linux 不像其他大多數的作業系統只支援 Intel 架構，它可支援 Pi 的 ARM 處理器。然而，因為 Pi 使用了某些 Linux 版本並不支援的特殊規格 ARM 處理器，所以並非每一種 Linux 版本都能順利在 Pi 上執行。舉例來說，Ubuntu Linux 就無法在 Pi 上安裝。因此在本章節中，您首先將學會如何選擇合適的作業系統。

　　選擇作業系統只是第一步，如何安裝才是最重要的。在 Pi 上安裝作業系統的程序與您過往習慣的安裝程序大不相同，但也並不困難──只是把作業系統安裝到 SD 卡上而已。在此章節中，將教導您如何在 SD 卡上安裝最新的 Linux Debian，而其他版本的 Linux 作業系統的安裝方法也是相同的。實際上，您可以在不同的 SD 卡裡安裝不同的作業系統，因此您就擁有多重功能的系統，只需要更換不同的 SD 卡，Pi 就能轉換成完全不同功能的系統裝置。

2.1 哪些版本是 Pi 可用的

　　到目前為止，Pi 的作業系統首選還是 Linux，原因在於它最能發揮 Pi 的效能。再者，許多人已經很熟悉 Linux 了，對於其他一樣可在 Pi 上運作的作業系統，您使用起來會不太習慣。

　　當以某個 Linux 版本作為 Pi 的作業系統時，您會發現它的外觀與運作方式和一般的桌上電腦不同，原因在於，它也許使用了一個不需要太多資源的視窗管理軟體。同時，您也不會在它的桌面上找到您習慣使用的應用程式，像是許多熱門的網頁瀏覽器，或是 Office 產品。

　　除此之外，在安裝作業系統時還有額外的限制。近來我們所使用的作業系統檔案都非常大，它們通常都搭載在 DVD 裡，或是轉成可下載的 ISO 映像檔。這些映像檔與 DVD 內含作業系統的全部安裝程序：它們開啟程式偵測您電腦的硬體，接著複製所有需要的檔案到硬碟裡。不幸的是，Pi 沒有光碟機，所以無法讀取 DVD，因此就無法用 DVD 來安裝作業系統。加上 Pi 沒有 BIOS（參考 22 頁〈什麼是 Pi 所缺少的〉），所以您也無法使用外接的 USB 隨身碟來開機。而您也無法將 DVD 的 ISO 映像檔複製到 SD 卡中，再利用 SD 卡開機。取決於上述幾點，我們需採用一個簡單且已建置好的系統，而且能用它來啟動 Pi。

　　因此，您需要建置或是找到某個 Linux 版本的映像檔，它不但可以複製到 SD 卡裡，而且還要能與 Pi 相容。要取得這樣的映像檔，最簡單的方式，就是造訪 Raspberry 計畫的下載網頁[1]。在撰寫本書時，該網站上剛好可以下載到 Raspbian（Debian wheezy）、Arch Linux ARM 及 RISC OS。可想而知，未來會有更多的作業系統出現：至少，最新版的 BodhiLinux[2] 版本已經發布了。另外，還有許多的科技宅正嘗試著將 Google 的 Chrome 作業系統[3] 安裝到 Pi 上。

　　目前為止，最適合 Pi 的初學者使用的散佈套件版本還是 Raspbian（Debian wheezy），它完全支援 Pi 的硬體、方便好用的系統桌面（如下圖），而且內建了像是網頁瀏覽器這樣有用的應用程式。

---

1 http://www.raspberrypi.org/downloads
2 http://jeffhoogland.blogspot.co.uk/2012/06/bodhi-linux-arm-alpha-release-for.html
3 http://www.cnx-software.com/2012/04/19/building-chromium-os-for-raspberry-pi-armv6/

　　在系統桌面的最上緣有個功能強大的套件管理系統（package manager），它可以讓您很簡單地就可以安裝更多的軟體。在這本書接下來的內容裡，我們將使用 Debian 這套作業系統，而您會在下一節中學會如何安裝它。請注意，我們有時會用 Raspbian 這個名稱來替代 Debian。另外，也請注意，您將會在下載網頁上發現到一個名為 soft-float Debian（wheezy）的 Linux 版本。這套版本跟 Raspbian 很像，只是它不使用 Pi 的浮點運算器（floating-point unit），所以執行速度會比較慢。只有在某些軟體套件與 Raspbian 不相容時，您才需要採用 soft-float Debian。

　　其他的 Linux 版本也非常有趣，但它們的目標對象是其他的使用者。盡管如此，在接下來的章節裡我會將這些有趣的版本簡單地描述一下。

Arch Linux ARM

　　Arch Linux [4] 在介面上相當簡約，適用於對 Linux 系統已有相當知識的使用者。Arch Linux 沒有使用很多資源，也有一個不錯的套件管理系

---

4 http://www.archlinux.org/

統，所以當您想使用 Pi 當作伺服器的話，Arch Linux 是個不錯的選擇。若您打算使用桌面系統的話，Debian 還是比較方便，因為 Arch Linux 的預設設定並不包含桌面系統，您必須自行安裝並設定組態。

RISC OS

另外，Pi 不只支援 Linux，它也支援其他的作業系統，例如 RISC OS [5]。這並不令人驚訝，因為 RISC OS 是第一批針對 ARM 架構所設計的作業系統之一，到目前為止愛用者依舊很多，絕對值得您一窺究竟。RISC OS 不是自由軟體，必須花錢購買，但 Raspberry Pi 的使用者可以免費取得。

除了一般的作業系統以外，在 Linux 的王國裡還有許多特殊用途的作業系統，在第 103 頁第七章〈把 Pi 變成多媒體娛樂中心〉中，您將會了解什麼是 Raspbmc，這個可以將 Pi 變成多媒體娛樂中心的 Linux 版本。

即使 Pi 的硬體裝置不容易更改，但您依舊可以在幾秒鐘的時間內把它變成許多不同的機器──只要插入內含不同作業系統的 SD 卡就可以辦到。在下一節中，您將學到如何設置不同作業系統的 SD 卡。

2.2 準備可開機的 SD 卡

在第 17 頁第一章〈認識 Raspberry Pi〉中，我們已經知道，Pi 只有 SD 卡插槽，並沒有 BIOS 與內建硬碟。因此您必須利用別臺電腦將 Pi 的作業系統安裝至 SD 卡中，然後透過這片 SD 卡讓 Pi 開機。不過現在幸運的是，有許多人已經幫您把這些事情都先做好了，他們將幾種可複製到 SD 卡的作業系統內容放到網路上供人免費下載。於是在此章節中，您將學到如何將一張 SD 卡的映像檔轉換到另一張空白的 SD 卡中。

如果要修改 SD 卡的內容，您需要一臺電腦與一臺讀卡機（別被它的名稱所誤導，因為您也可以用它對 SD 卡寫入資訊）。一些電腦已經有內建讀卡機了，但是您還是可以花一點小錢買一臺外接式讀卡

5　http://en.wikipedia.org/wiki/RISC_OS

機。理論上，讀卡機是不在乎您是使用哪一種作業系統，因此我們來看看如何在主要作業系統上建立開機用的 SD 卡。以 Windows、Mac OS X 與 Linux 這三大作業系統來說，我強烈建議您使用 Windows 進行存取的動作，因為對於安裝作業系統至 SD 卡這件事來說，相較於 Mac OS X 與 Linux，利用 Windows box 會比較容易而且更便利。之所以不建議利用 Mac OS X 或 Linux 來準備 SD 卡，並非因為這個任務很困難，而是考量到您必須使用一些非常危險的指令，而這些指令可能會讓您一不小心就刪除掉一些重要的檔案。而在使用 Windows 複製映像檔時，您會取得較多的反饋。目前更好用的 Raspbian 安裝檔已在開發，但在開發出來之前，您仍須自己手動複製映像檔。

不論您將使用哪一種作業系統進行 Pi 作業系統安裝的程序，您都必須從官方的下載網頁[6]下載 Debian 映像檔。檔案的下載可利用 HTTP 或是 Torrent 種子，下載完成後應該會在您的硬碟裡出現檔名為 2012-10-28-wheezy-raspbian.zip 的壓縮檔（因為新版本的推出，可能會造成檔名的不同）。

接下來的幾節內容中，有關相容於 Pi 的所有作業系統映像檔的程序描述都是相同的。唯一不同的是映像檔的檔名。

在 Windows 系統上準備 SD 卡

在 Windows box 上準備 SD 卡是最方便的選擇，因為可以利用 Windows 所提供的免費應用程式——Win32DiskImager[7]。這個小程式的使用者介面相當不錯，而且功能很單純，只有一個目的：將映像檔寫入 SD 卡中。您甚至不需要安裝它：只需它的官方網站下載壓縮檔，並在指定資料夾中解壓縮即可。用滑鼠雙擊 Win32DiskImager.exe 這個執行檔後，您就可以開始進行將映像檔寫入 SD 卡的工作。

---

6 http://www.raspberrypi.org/downloads
7 http://www.softpedia.com/get/CD-DVD-Tools/Data-CD-DVD-Burning/Win32-Disk-Imager.shtml

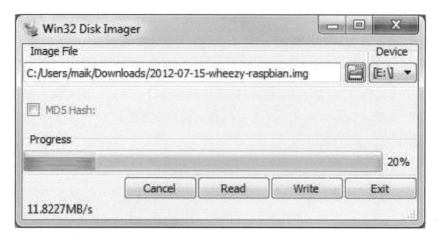

圖 3   正在寫入映像檔的 Win32DiskImager

在您將 SD 卡的映像檔寫入 SD 卡前，您可以先檢查映像檔是否有效。因此，您必須計算壓縮檔的 SHA1 驗證碼。要進行計算，您必須先安裝 fciv（File Checksum Integrity Verifier）這個指令提示字元公用程式：微軟的技術支援網站[8] 上有相當完整的介紹。若您已安裝好 fciv，請按下方步驟操作：

C:>fciv 2012-10-28-wheezy-raspbian.zip -sha1

//

// File Checksum Integrity Verifier version 2.05.

//

3ee33a94079de631dee606aebd655664035756be 2012-10-28-wheezy-raspbian.zip

如果長長的十六進位碼與下載頁面上的相同，代表壓縮檔還沒有被破壞，您可以放心地進行後續的程序。若不相同，請至其他下載點下載映像檔。

---

8 http://support.microsoft.com/kb/841290

在啟動 Win32DiskImager 後，您必須選擇 Debian 映像檔與 SD 卡讀卡機所在磁碟的位置。切記！千萬別選錯磁碟的位置，不然您的重要資料可能會和您說再見。在確定好一切準備工作都無誤後，就可點擊 Write 的按鈕，您會看到像是 34 頁圖 3 中的畫面。要將映像檔完全寫入 SD 卡，需要幾分鐘的時間，當寫入的動作完成後，您就可使用這片 SD 卡來幫 Pi 開機了。

在 Linux 系統上準備 SD 卡

在最新的 Linux 系統上準備給 Pi 用的 SD 卡並不是件太難的事，只須依照下列步驟小心地執行，就可避免產生覆寫重要資料的意外發生。千萬別馬上將 SD 卡插入您的讀卡機裡，這個動作請在稍後決定您讀卡機的設備名稱時再進行。

從官方網站的下載頁面可以下載包含 Debian 映像檔的壓縮檔，接著打開一個終端機介面，並且切換至內含已下載壓縮檔的目錄。雖然這並不是一個必要的動作，但還是檢查一下您所下載的檔案是否完整。

maik> sha1sum 2012-10-28-wheezy-raspbian.zip

3ee33a94079de631dee606aebd655664035756be 2012-10-28-wheezy-raspbian.zip

如果長長的十六進位碼與下載頁面上的相同，代表壓縮檔還沒有被破壞，您可以放心地進行後續的程序。若不相同，請至其他下載點下載映像檔。

以下的指令可以將映像檔解壓縮至目前所在的目錄：

maik> unzip 2012-10-28-wheezy-raspbian.zip

Archive: 2012-10-28-wheezy-raspbian.zip

inflating: 2012-10-28-wheezy-raspbian.img

接下來您必須決定您的讀卡機路徑。執行以下的指令即可取得目前連接到您電腦上的所有儲存裝置列表：

maik> df -h

Filesystem	Size	Used	Avail	Use%	Mounted on
/dev/sda1	63G	15G	46G	24%	/
udev	494M	4.0K	494M	1%	/dev
tmpfs	201M	740K	200M	1%	/run
none	5.0M	0	5.0M	0%	/run/lock
none	501M	124K	501M	1%	/run/shm

把 SD 卡插入讀卡機後，再執行指令一次。.

maik> df -h

Filesystem	Size	Used	Avail	Use%	Mounted on
/dev/sda1	63G	15G	46G	24%	/
udev	494M	4.0K	494M	1%	/dev
tmpfs	201M	772K	200M	1%	/run
none	5.0M	0	5.0M	0%	/run/lock
none	501M	124K	501M	1%	/run/shm
/dev/sdc2	1.6G	1.2G	298M	81%	/media/18c27e44-ad29-4264-9506-c93bb7083f47
/dev/sdc1	75M	29M	47M	39%	/media/95F5-0D7A

如您所見，在我的系統中稱 SD 卡為 sdc，並且有兩個分別叫作 sdc1 與 sdc2 分割磁碟空間。當然，您的系統可能會與我的不同：也就

是說，您的 SD 卡分割磁區可能比我多或少，而您的 SD 卡名稱也許是 sdd。在您進行接下來步驟時，必須先卸載所有的分割磁區。因此在這個例子中，我必須呼叫以下的指令：

maik> umount /dev/sdc1
maik> umount /dev/sdc2

最後，就是要將映像檔複製到 SD 卡。這時，您必須使用管理者權限（譯註：Linux 的管理者稱為 root）執行下列指令。執行時請確認 of 選項的磁碟名稱是否正確。

maik> sudo dd bs=1M if=2012-10-28-wheezy-raspbian.img of=/dev/sdc
〈sudo〉 password for maik:
1850+1 records in
1850+1 records out
1939865600 bytes （1.9 GB） copied, 160.427 s, 12.1 MB/s

將映像檔拷貝到 SD 卡需要幾分鐘的時間。如果一切順利，您就可以使用這片 SD 卡啟動 Pi 了，而 SD 卡上還有可在 Pi 上運作的 Debian 作業系統。

在 Mac OS X 系統上建置 SD 卡

在 Mac OS 上準備 Pi 的 SD card 開機片和在 Linux 上準備大同小異，兩者之間的差異在於執行指令的多寡。雖然在 Mac OS 上要執行的指令比較少，但處理起來仍必須注意。

操作時先別急著將 SD 卡插入讀卡機，請先確認讀卡機的磁碟位置，以及到 Debian 官方網站下載最新的 Debian 壓縮檔。接著打開終端機介面，找出壓縮檔所放置的資料夾，接著利用下方指令來檢視壓縮檔的驗證碼（請注意如果您對資料來源確信無虞或者您是從另一個信任來源下載檔案的話，則不一定需要執行本步驟）：

maik> shasum 2012-10-28-wheezy-raspbian.zip

3ee33a94079de631dee606aebd655664035756be 2012-10-28-wheezy-raspbian.zip

如果在終端機畫面上顯示的十六進位數字與官方網站下載頁面上所列不相同，則該壓縮檔有可能已遭變更，您應該從別處下載檔案。如果一切順利的話，請將檔案直接解壓縮到現存的資料夾即可：

maik> unzip 2012-10-28-wheezy-raspbian.zip

Archive: 2012-10-28-wheezy-raspbian.zip

inflating: 2012-10-28-wheezy-raspbian.img

接著您必須確認讀卡機的名稱。執行下列的指令可看到您目前在 Mac 上的所有檔案系統：

maik> df -h

Filesystem	Size	Used	Avail	Capacity	Mounted on
/dev/disk0s2	465Gi	383Gi	81Gi	83%	/
devfs	189Ki	189Ki	0Bi	100%	/dev
map -hosts	0Bi	0Bi	0Bi	100%	/net
map auto_home	0Bi	0Bi	0Bi	100%	/home
/dev/disk1s1	466Gi	460Gi	6.1Gi	99%	/Volumes/macback

　　裝置名稱會依照每個使用者的電腦而有所不同，但在此您只需要找到您的 SD 卡。請將 SD 卡插入讀卡機，稍待一會再執行上述指令。

maik> df -h

Filesystem	Size	Used	Avail	Capacity	Mounted on
/dev/disk0s2	465Gi	383Gi	81Gi	83%	/
devfs	191Ki	191Ki	0Bi	100%	/dev
map -hosts	0Bi	0Bi	0Bi	100%	/net
map auto_home	0Bi	0Bi	0Bi	100%	/home
/dev/disk1s1	466Gi	460Gi	6.1Gi	99%	/Volumes/macback
/dev/disk3s1	15Gi	1.1Mi	15Gi	1%	/Volumes/SD

　　如您所見，在我的 Mac 上 SD 卡位置為 /dev/disk3s1。您的電腦應該會顯示另一個 SD 卡位置，因此，您只需在以下的指令中將 /dev/disk3s1 更換為您電腦上的 SD 卡位置即可。

maik> diskutil unmount /dev/disk3s1

Volume SD on disk3s1 unmounted

　　以上指令是用來卸載 SD 卡，卸載後即可複製映像檔至 SD 卡中。為了操作此指令，您必須使用 SD 卡的原始名稱，只要將 SD 名稱最後的 s1 刪除並在前方加上 r 即可。在我的電腦上顯示為 /dev/rdisk3。

　　請注意，接下來的指令會將 Debian 映像檔複製到您在 of 選項中指定的裝置。如果裝置指定錯誤的話，例如您的 Mac 主硬碟或是裝滿您心愛照片的 USB 隨身碟，其中所有的資料都會消失。請再三確認您已選擇正確裝置之後，再執行以下指令：

maik> sudo dd if=2012-10-28-wheezy-raspbian.img of=/dev/ rdisk3 bs=1m

1850+0 records in

1850+0 records out

1939865600 bytes transferred in 150.830724 secs （12861210 bytes/ sec）

以上指令會在系統背景執行，並不會顯示任何進度視窗。如同先前的過程，複製映像檔到 SD 卡需要至少兩分鐘，所以請耐心等待。

順利建立 SD 卡之後，還有一點要提醒您：有些使用者用他們的 MacBooks 筆記型電腦或是 Mac Pro 桌上型電腦所內建的讀卡機來讀取 SD 卡時，可能會發生讀寫錯誤或是該 SD 卡無法正確地為系統辨識等情形。您可使用外接讀卡機來解決上述問題。

最後，請用以下指令來退出 SD 卡。

maik> diskutil eject /dev/rdisk3

Disk /dev/rdisk3 ejected

完工了！現在您已在 Mac 上建置好內含 Debian 作業系統的開機用 SD 卡。

2.3 下一階段

不論您所使用的作業系統為何，現在您應該已經擁有一張內含 Linux Debian 作業系統的開機用 SD 卡。您也了解如何將所有可適用於 Pi 的作業系統映像檔複製到開機用 SD 卡中。下個章節，您將學習如何在 Pi 上啟動 Debian 作業系統。

3. 對 Raspbian 進行組態設定

　　並非每個作業系統一開始就符合大家的需求,對於執行在 Pi 上的 Debian 就更不用說了。由於它是包好的映像檔,也就是說您無法像安裝其他作業系統一樣,在安裝過程中來設定各種組態參數。例如,映像檔中通常已經指定好一組鍵盤與語言設定了。本章將介紹如何調整許多基礎設定,例如您的個人密碼與時區。

3.1 Pi 的開機初體驗

　　初始化硬體與安裝作業系統相當重要,但把 Pi 開機以及了解它能做什麼更是樂趣十足。所以,請把前一章準備好的 SD 卡插入 Pi 中,並將 Pi 接上電源。

　　如果您曾使用過 Linux 系統,您會發現許多畫面上的訊息都非常熟悉。這也難怪,就算 Pi 是一臺與眾不同的電腦,它依舊使用了 Raspbian 這個一般的 Linux 作業系統。

　　首次啟動 Raspbian 時,系統會先啟動 Raspi-config 這個組態設定程式。它可幫助您設定 Linux 系統中諸多最重要的參數。您可在圖 4 中看到 Raspi-config 的主畫面。

　　您可能已經習慣使用滑鼠在使用者介面中游走,但 Raspi-config 則必須使用鍵盤來操控。請用鍵盤上的方向鍵來上下移動游標。如果要選擇指定選單項目的話,利用右方向鍵或 Tab 鍵來將該項目反白,接著按下空白鍵或 Return 即可選定該項目。

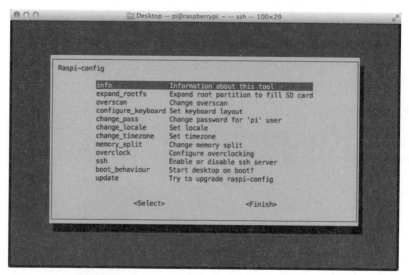

圖 4　Raspi-config 讓設定變得更輕鬆

　　為了熟悉 Raspi-config，請先選擇 Info 選單。它會跳出一個視窗來簡單介紹 Raspi-config 的功能。看完之後，請選擇畫面上的 OK 鍵或按下空白鍵來回到主選單。

　　大部分的 Raspi-config 選單都有 Cancel 功能。如果要取消當下的作業，請按下 Tab 鍵直到 Cancel 按鈕反白，接著按下 Return 鍵或空白鍵便可取消該作業。

　　按下主選單中的 Finish 鍵後可離開 Raspi-config。設定更動之後，Raspi-config 大多數都會要求您將 Pi 重新開機。因此在您按下 Finish 鍵之後，Raspi-config 會詢問您是否要重新開機。

　　在您第二次啟動 Pi 時，Raspi-config 就不會自動啟動了。別擔心，您可以在終端機介面中輸入以下指令來啟動它：

pi@raspberry:~$ sudo raspi-config

接下來，將為您介紹 Raspi-config 中的各種功能用途。

3.2 自訂您的 Pi 設定值

在您開始使用 Pi 做其他事情之前，必須先利用 Raspi-config 調整一些非常重要的設定。例如：您應將 SD 卡的可用空間加大，並確認語言設定是否正確。

在此中，您會學到 Raspi-config 中最重要的選項。當然啦，您會在本書其它章節中學到其他選項的用法。

充分利用您的 SD 卡空間

Raspbian 映像檔會將您 SD 卡中的檔案系統可用空間限制在 2GB 內。換句話說，不論您的 SD 卡實際容量為何，您就是只有 2GB 可用。您可以將映像檔安裝在一張 16GB 的 SD 卡中，但可用空間仍然只有 2GB。

然而找到 Raspi-config 的 expand_rootfs 選項，您就能輕鬆改變這個窘況。選擇該選項，接著重新開機，Pi 就能順利取得 SD 卡中所有的可用空間。擷取的時間取決於您 SD 卡的容量與處理速度。

請記住，Raspi-config 已經不會自動開啟了。您需要以使用者名稱 pi 與密碼 raspberry 來登入。請用以下指令來再次啟動 Raspi-config：

pi@raspberry:~$ sudo raspi-config

設定 Pi 的顯示模式

Raspberry 團隊希望 Pi 能盡量支援各種顯示器，所以他們提供了過幅顯示（overscan）及半幅顯示（underscan）這兩種顯示模式。在半幅顯示模式中，影像輸出不會占滿整個螢幕，您會在影像周圍看到黑框。過幅模式則是相反的狀況，您無法看到完整的影像，因為影像會被螢幕切掉一部分。在 Raspi-config 中的 overscan 選單中，您可開啟及關閉過幅顯示模式。在 4.2 節〈設定影像輸出〉中，您將會學到如何更細緻地控制影像輸出。

設定您的鍵盤輸入方式及更改區域組態

由於 Debian 預設使用英語鍵盤，為此您有可能會感到困擾。您可利用 configure_keyboard 選項來更改您的鍵盤輸入方式（如下圖 5）。

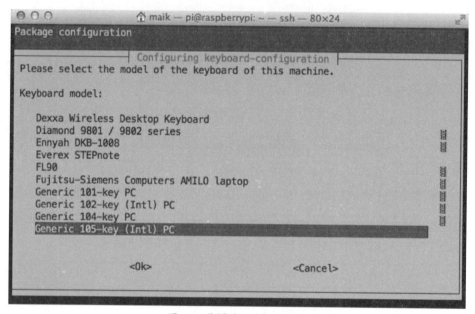

圖 5　選擇您的慣用鍵盤

接著您得指定所要使用的語言，在這之後，則是設定一些特殊鍵的動作就完成了。

為了套用新的鍵盤設定，您必須按下 Finish 鍵離開 Raspi-config 後重新啟動 Pi。但在那之前，您還可以利用 change_locale 選單來更改區域組態。一個區域組態包含了多個鍵盤設定，它還決定了資料的排列與顯示格式，例如文字或時間。再者，它可決定系統顯示資訊所用的語言，例如應用程式中的選單文字等。如在圖 6 中，您可看到 LXDE 桌面系統的德文版。您可在 Raspi-config 中的 change_locale 選單來設定區域組態。

它會啟動一個設定程式，畫面如圖 7 所示。

圖 6　德文版本的 LXDE

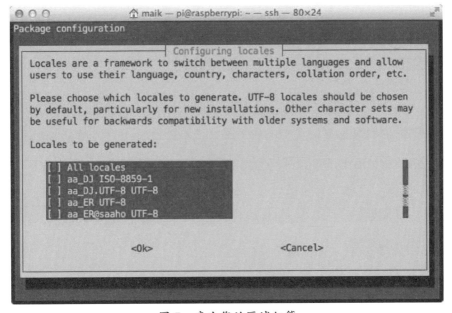

圖 7　產生您的區域組態

　　您可在此選擇 Raspbian 要使用的區域組態，您可選擇多個組態，或者在必要情況下您會需要在多個組態之間切換。請用上下鍵來移動游標，按下空白鍵來選擇或取消選擇某個組態。您也可用 Tab 鍵在組態清單、OK 鍵以及 Cancel 鍵之間跳換。請按 Return 鍵來選擇某個組態。

　　選擇好組態且按下 OK 鍵之後，您還可將某個組態指定為預設組態。最後再次按下 OK 鍵就完工了。

設定時區、時間及日期

　　為了節省成本，Pi 並沒有內建實時時鐘，所以它並不會在裝置上自動儲存時間。設定正確的時間及日期並非只是為了方便，它對於好比驗證身分這類的加密操作而言非常重要。因此，您在各方面都會需要正確的時間資訊。Raspbian 在開機時會連接網路上的時間伺服器，因此它可以自動設定當下的時間與日期。

　　雖然 Pi 可由世界標準時區得知日期與時間，但它並不知道您身處的時區。這就是為甚麼要有 change_timezone 這個選項的原因。點選 change_timezone 選項後，系統會問一些問題來確認您所在的時區。接著系統會將時區資訊儲存在您的個人設定中，當您下一次啟動 Pi 時，它就知道您的時區了。

　　若您的 Pi 並沒有連上網路，您可用下列指令手動設定時間及日期：

pi@raspberry:~$ sudo date --set="2012-07-31 13:24:42"

　　這並不是個好方法。因為這樣做會導致系統時間不太準，而且每次 Pi 開機之後都要重新設定一次，久了您可能就會忘記這回事了。

調整 Pi 的記憶體配置

　　如先前所介紹的，Pi 有 256MB 及 512MB 兩種隨機存取記憶體

（RAM）。現在假設您的 Pi 有 256MB 的可用記憶體，可利用以下指令來檢查您的 Pi 還有多少可用記憶體：

pi@raspberry:~$ free -m

	tota	used	free	shared	buffers	cached
Mem:	186	37	149	0	5	19
-/+ buffers/cache:	12	174				
Swap:	127	0	127			

糟糕！很顯然地 Pi 的 RAM 遠低於 256MB，發生什麼事了？別擔心，硬體好得很，您的 Pi 也的確有 256MB 的 RAM。這是因為一部分記憶體被 CPU 及 GPU（圖像處理裝置）拿去用了。在系統預設設定中，CPU 就會用掉 192MB，而 GPU 則用掉 64MB。在大部分的情況下，這樣做是相當合理的，但在某些情況下就需要做不同的設定。例如將 Pi 做為伺服器使用時，我們就不用過於在意繪圖能力，可以給 CPU 多一點記憶體吧！

您可在 Raspi-config 的 memory_split 選項中來調整記憶體配置。您可在此決定 GPU 可獲得多少記憶體。針對您的使用情形調整記憶體配置之後，重新啟動 Pi 後便可套用您的設定。

超頻您的 Pi

Pi 的 CPU 預設時脈為 700MHz。對於處理大部分的工作來說已經相當夠用，但跟現行的個人電腦比起來還是稍嫌弱了一點。正如許多個人電腦玩家會做的一樣，您可利用 Raspi-config 中的超頻（overlock）選項來提高 CPU 時脈。您可將時脈設定為 700 MHz、800 MHz、900 MHz、950 MHz 甚至 1GHz，如此一來 Pi 的處理速度就會快得多，同時也會導致更耗電以及工作溫度飆高。

取決於您所使用的電源供應器品質，超頻可能會影響系統的穩定度。您可在啟動 Pi 時按住 shift 鍵來關閉超頻，並在 Raspi-config 中選擇較低的 CPU 時脈。

更改您的密碼

在本書編寫期間，您必須使用使用者名稱 pi 與密碼 raspberry 來登入 Pi。如果您是第一批拿到 Pi 的幸運兒，您所使用的登入憑證也可能出錯。早期的版本中，密碼是 suse，所以請由 Raspberry Pi 官方網站的下載頁面[1] 再次確認您使用的登入憑證是否正確。

您可在 Raspi-config 中的 change_pass 選項來更改密碼，Raspi-config 會請您輸入新密碼後再次確認。為了提高安全性，請不要用那些人盡皆知的密碼，例如 123 或 aaaa。若您想了解更多有關使用者的帳號密碼設定，請參考附錄 A1.4。

順道一提，拿 raspberry 作為密碼真的很糟糕，不僅僅因為它有可能被猜出來，主要是因為它包含了 y 這個字母。對於非英文與美系鍵盤使用者來說可能會造成登入失敗的問題，因為 Debian 的預設鍵盤設置為 QWERTY。但到了別的國家，例如德國，鍵盤設置卻為 QWERTZ。若您非常確定密碼沒錯但還無法登入的話，請改用 raspberrz 這串字試試看。

3.3 啟動桌面

相對於其他作業系統而言，Linux 作業系統不一定需要桌面環境。所以透過手動方式來啟動桌面是常有的事。或者，您也可在 Pi 開機之後自動啟動桌面環境。請在 Raspi-config 中的 boot_behaviour 選項來設定是否要自動啟動桌面。如果您不常使用命令列的話，這個選項還挺貼心的。或者，您會看到以下的 Pi 登入對話窗：

---

1 http://www.raspberrypi.org/downloads

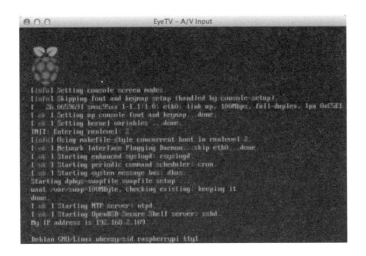

　　登入成功後，還是只有黑底白字的指令介面。請用以下指令來啟動桌面，這樣畫面會色彩繽紛一點。（下指令來呼叫 Windows 桌面，這種方式會讓您回憶起當年 MS-DOS 的好時光，對吧？）

pi@raspberry:~$ startx

　　需幾秒鐘，Raspberry Pi 就會給您一個漂亮的桌面，背景裡有一個很鮮艷的樹莓呢！

　　您方才啟動的桌面環境稱為 LXDE [2]（Lightweight X11 Desktop Environment），它提供了一些很不錯的功能，而且不會佔用太多系統資源。例如，它提供了虛擬螢幕（virtual screen）讓您可以管理畫面下方工具列上的諸多按鈕。

　　在 LXDE 啟動應用程式和 Windows 8 早期的 Windows 系統的作法相同。請點選螢幕下方工具列左側的 LXDE 圖示來看看有哪些現成的應用程式。使用滑鼠在彈出式選單中移動游標，接著點選應用程式名稱就能啟動它。如第 45 頁圖 6 所示，您可看到彈出的應用程式選單。

　　此外，您還可以調整許多設定，例如所有使用者介面元件的外觀與桌面解析度等。您可以在系統偏好（system preferences）選單中來調整大多數的設定：舉例來說，您可在圖 8 中看到一些設定畫面。

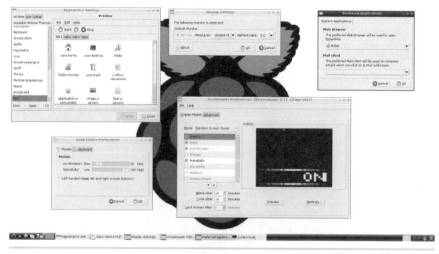

圖 8　您可調整許多 LXDE 的偏好設定

　　只要按下畫面右下方的小電源開關圖示，即可關閉 LXDE。若您已在 Raspi-config 中將 LXDE 設定為永久啟動，每當您登出 LXDE 時，

2　http://lxde.org/

Pi 也會自動關機。若您並沒有這麼做的話，畫面會切換到終端機介面，
此時您可使用下方指令來關機：

pi@raspberry:~$ sudo shutdown -h now

3.4 使用 apt-get 來管理軟體

Debian 設置完成後，您應該會想要加入更多軟體。早年在 Linux
系統上安裝軟體簡直就是噩夢。從下載應用程式的原始碼、編譯到安
裝，通通得自己來。如果程式要用到其他的專題或是函式庫，您得在
編譯器跳出的恐怖錯誤資訊中釐清這些頭緒，最後您還是得解決這些
相依性（dependencies）問題——又會落入下載、編譯再安裝的無限迴
圈中。

幸運地是，噩夢般的日子已經遠去；現行各種的 Linux 版本都內
建有套件管理器，從下載到安裝通通一手包辦。套件管理器不但自動
解決了上述的相依性問題，還能下載二元碼套件，這樣一來，就不必
在本機端來編譯，因此可節省不少時間。喔！它還幫您清除您已不再
需要的軟體。

Debian 中的封包處理器稱為 apt-get（高階封包工具，Advanced
Packaging Tool）。接下來將為您介紹如何安裝、更新及移除軟體。

安裝新軟體

Pi 的 Debian 版本只有最精簡化的應用程式集。這也難怪，因為 Pi
並沒有內建硬碟。但您必須安裝某些的應用程式來使系統更臻完美。
好消息是，在 Pi 上安裝應用程式與在使用 Debian 的 PC 上的安裝方式
差別不大，您可由同樣的來源找到想要的軟體，網路上還有一大堆應
用程式任君挑選。壞消息是，有部分套件並不支援 Pi 的 ARM 系統架
構，有些套件則可能因為需要的資源超過 Pi 所能提供的，因此根本無

法執行。不論如何，您還是找得到非常多有用的程式。

在此節中，將為您介紹如何在 Pi 上安裝 PDF 閱讀軟體。如果您之前只有使用 Windows 和 Mac OS X 兩大作業系統經驗的話，您不會覺得這有什麼了不起的。但在某些 Linux 系統上，尤其是那小巧的 Pi，一套好的 PDF 閱讀軟體可不會憑白無故從天上掉下來的。

有趣的是，有許多形形色色的工具供您選擇，甚至有專門的網站[3]在介紹免費 PDF 閱讀軟體的安裝方法。目前網路上有兩個還不錯的 PDF 閱讀軟體：一個是 xpdf[4]，另一個是 evince[5]。您可以把它們都裝起來玩玩看，然後移除掉比較不好用的那一個。

您可使用 install 指令來安裝新的套件。執行以下指令即可自動安裝 xpdf 與 evince（請先確認您已連上網路）：

```
pi@raspberry:~$ sudo apt-get install xpdf
pi@raspberry:~$ sudo apt-get install evince
```

您也可使用下列指令一次安裝兩個套件：

```
pi@raspberry:~$ sudo apt-get install xpdf evince
```

現在您已經有兩個獨立的 PDF 閱讀軟體了，可以啟動它們來看看哪一個比較符合自己的需求。您可在 LXDE 桌面上的開始選單中找到應用程式的捷徑。或者您也可以利用終端機介面執行下方指令來開啟 PDF 閱讀軟體（假設您沒有啟用桌面環境的情況下）：

```
pi@raspberry:~$ evince
```

3　http://pdfreaders.org/
4　http://www.foolabs.com/xpdf/
5　http://projects.gnome.org/evince/

pi@raspberry:~$ xpdf

在圖 9 中，您可以看到兩個不同的 PDF 閱讀軟體開啟同一份 PDF 文件的畫面。

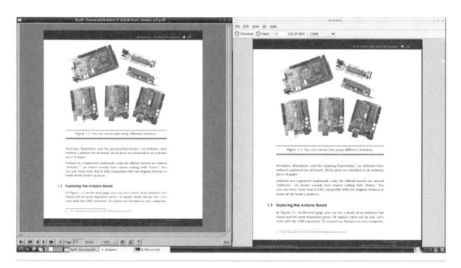

圖 9　利用兩種不同的 PDF 軟體開啟同一份 PDF 文件

移除軟體

使用了這兩套 PDF 軟體一段時間之後，您應該會比較喜歡某一套。我們假設您比較喜歡 evince，那麼請用下列指令來移除 xpdf：

pi@raspberry:~$ sudo apt-get purge xpdf

Reading package lists... Done

Building dependency tree

Reading state information... Done

The following packages were automatically installed and are no

longer required:

```
    cups-bsd cups-client fonts-droid ghostscript lesstif2
    libcupsimage2 libfile-copy-recursive-perl libgs9 libgs9-common
    libijs-0.35 libpaper-utils libpaper1 libpoppler19 libxp6 poppler-data
    poppler-utils update-inetd
Use 'apt-get autoremove' to remove them.
The following packages will be REMOVED:
    xpdf*
0 upgraded, 0 newly installed, 1 to remove and 24 not upgraded.
After this operation, 404 kB disk space will be freed.
Do you want to continue 〈Y/n〉?
（Reading database ... 60245 files and directories currently installed.）
Removing xpdf ...
Purging configuration files for xpdf ...
Processing triggers for mime-support ...
Processing triggers for man-db ...
Processing triggers for menu ...
Processing triggers for desktop-file-utils ...
```

如此一來 xpdf 便從您的系統中完整移除了。如果您只想刪除應用
程式但要保留設定檔的話，請將上方的 purge 替換成 remove 即可。

將軟體保持在最新版本

為了讓在安裝軟體過程能盡可能地方便且順暢，apt-get 內建了一
個包含了所有可用套件及其相依性的小型資料庫。這個資料庫中只有
一些檔案，一般來說您從來不會直接去存取它，但請偶爾使用下列指
令來更新它：

pi@raspberry:~$ sudo apt-get update

以上指令會自動連線到中央伺服器來自動下載最新的套件清單，並更新 apt-get 的本機資料庫。因此您可在安裝任一套件前執行此指令，如此一來便可確保您取得的是最新的軟體版本，請注意在某些情況下需要執行以上指令兩次，別擔心，到那時 apt-get 會提醒您的。

若您已經使用 apt-get 將軟體安裝至 Pi 上了，那麼您每隔一段時間就檢查一下是否有更新。以下指令可以一口氣將 Pi 上的所有軟體更新到最新版本：

pi@raspberry:~$ sudo apt-get upgrade

執行此指令會用掉一些時間，但完成之後，您 Pi 上的所有應用程式與函式庫就都是最新版的了。為此，apt-get 需要下載一大堆檔案，它們在 apt-get 將應用程式安裝完之後就沒有用了。請執行下方指令將這些檔案刪除。

pi@raspberry:~$ sudo apt-get autoclean
Reading package lists... Done
Building dependency tree...
Reading state information... Done

套件之間的相依性會根據版本的不同而有所改變，所以有時候我們將不再需要某些已安裝的套件。請使用以下的指令來移除它們：

pi@raspberry:~$ sudo apt-get autoremove
Reading package lists... Done
Building dependency tree
Reading state information... Done

The following packages will be REMOVED:

ghostscript lesstif2 libxp6 poppler-data poppler-utils

0 upgraded, 0 newly installed, 5 to remove and 0 not upgraded.

After this operation, 15.3 MB disk space will be freed.

Do you want to continue 〈Y/n〉?

（Reading database ... 49185 files and directories currently installed.）

Removing ghostscript ...

Removing lesstif2 ...

Removing libxp6 ...

Removing poppler-data ...

Removing poppler-utils ...

Processing triggers for man-db ...

原則上，這些就是您在管理 Debian 系統上軟體的所有東西。不過還有一個您應該要知道的好用工具，這將在下面一節為您介紹。

利用 apt-file 來搜尋套件

若您已知道想要安裝的封包完整名稱，您只需執行 apt-get 即可。但在某些情況下，您不一定會知道這些資訊。例如，當您要自行下載許多軟體且需自行編譯時，如果這個軟體要用到某個您尚未安裝的函式庫時，編譯器會停止並顯示錯誤訊息。一般來說，錯誤訊息中會包含遺失的檔案名稱，這時如果有個工具可以在套件中搜尋指定檔案的話，那就太棒了。此時 apt-file 便可派上用場，apt-file 的安裝方法如下：

pi@raspberry:~$ sudo apt-get install apt-file

與 apt-get 類似，apt-file 一樣會用到一個包含所有套件及其相依性的本機資料庫。您可用下列指令來更新資料庫：

pi@raspberry:~$ sudo apt-file update

　　執行完畢後，您便可用 apt-file 來搜尋包含指定檔案的封包了。假設您好像聽過有個不錯的 PDF 閱讀軟體名叫 evince 可以安裝在 Pi 上，但您不知道要使用要哪個套件。此時您需要執行以下的指令：

pi@raspberry:~$ apt-file -l search evince

evince

evince-common

evince-dbg

evince-gtk

gir1.0-evince-2.30

libevince-dev

libevince2

python-evince

　　執行後便會顯示一連串與 evince 有關的套件清單，您可自行選擇想要安裝的套件。

　　另外您也可利用 apt-file 來列出指定的套件內容，即使您尚未安裝這個套件也可以這麼做。

pi@raspberry:~$ apt-file list evince

　　套件管理器真的很好用，每種不同的 Linux 版本上都有，例如：Debian 上的 apt-get，Fedora 上的 yum 以及 Arch Linux 上的 pacman。三者差別只在於指令語法的些微不同，功能上可說是一樣的。

3.5 下一階段

本章中，您首次將您的 Pi 開機了，也調整了許多組態設定來符合您個人的使用習慣。您也學會了如何管理 Pi 上的軟體——包括安裝、更新與移除。

安裝以及設定 Pi 的作業系統是相當重要的步驟，但相對於一般電腦來說，Pi 需要進行更多的設定。在下一章中，我們將為您介紹 Pi 的韌體以及如何調整它。

4. 對韌體進行組態設定

　　Pi 需要的不只有作業系統，還需要能低階控制硬體的韌體。例如：韌體可控制並設定 GPU、讀卡機，在某些情況下甚至可以控制 CPU。韌體對 Pi 而言非常重要，它可幫助您解決許多問題，例如您可透過更改韌體參數來調整影像輸出。本章中將告訴您如何設定以及更新 Pi 的韌體。

　　此外您也需要時時更新 Linux 核心（kernel），也就是整個 Linux 系統的心臟，它負責管理所有的作業與硬體。所有的應用程式都得聽它的話，因此本章中，您將學會如何更新 Linux 核心。

4.1 更新韌體與系統核心

　　先前下載的 Debian 映像檔中已包含了 Pi 可使用的韌體，但 Linux 核心與 Pi 韌體的開發者時常會發布新版本。新版本一般來說包含了錯誤修正與系統改進，因此常常更新核心與韌體是很有幫助的。您可利用下列指令來檢查目前 Pi 上的核心與韌體版本：

pi@raspberrypi ~ $ uname -a

Linux raspberrypi 3.2.27+ #250 PREEMPT Thu Oct 18 19:03:02 BST 2012

armv6l GNU/Linux

pi@raspberrypi ~ $ /opt/vc/bin/vcgencmd version

Oct 25 2012 16:37:21

Copyright （c） 2012 Broadcom

version 346337 （release）

　　您可在 GitHub[1] 找到所有檔案的最新版本，接著將它們下載到 SD
卡中即可。更新核心與韌體時，您必須要覆蓋 Pi 的 /boot 目錄中的部
分檔案，這個 /boot 目錄是屬於 SD 卡的開機磁區，檔案系統格式為
FAT。因此，不只在 Pi 上，幾乎所有的電腦都能讀寫它。下圖中您可
看到 /boot 目錄裡的內容：

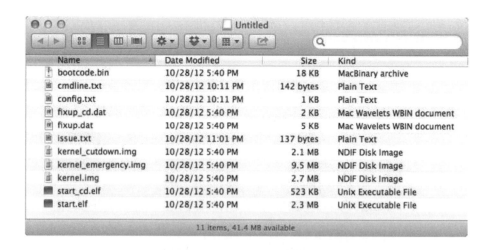

　　韌體位置在 start.elf 檔案中，而 Linux 核心則在 kernel.img 中。
　　您可使用一般的電腦將核心及韌體的更新檔透過讀卡機直接覆寫
入 SD 卡中，這步驟難免要花點時間，也可能產生錯誤。幸好，您可
使用 rpi-update[2] 指令來自動化整個更新程序。若您已將 rpi-update 安裝
到 Pi 中的話，它會檢查是否有更新並在需要時自動下載。不過在安裝
rpi-update 之前，您需要為它安裝一些其他的套件。

1　https://github.com/raspberrypi/firmware
2　https://github.com/Hexxeh/rpi-update

pi@raspberry:~$ sudo apt-get install ca-certificates git-core

如此一來您便可下載 rpi-update 以及讓它變得可執行。

pi@raspberry:~$ sudo wget http://goo.gl/1BOfJ -O /usr/bin/rpi-update
pi@raspberry:~$ sudo chmod +x /usr/bin/rpi-update

輸入上方指令後，執行 rpi-update。

pi@raspberrypi:~$ sudo rpi-update
Raspberry Pi firmware updater by Hexxeh, enhanced by AndrewS
Performing self-update
ARM/GPU split is now defined in /boot/config.txt using the gpu_mem
option!
We're running for the first time
Setting up firmware （this will take a few minutes）
Using HardFP libraries
If no errors appeared, your firmware was successfully setup
A reboot is needed to activate the new firmware

　　如您所見，新的韌體已安裝到 Pi 中，您只需要重新開機就能啟用新的韌體。請注意 rpi-update 會試著判斷並維持目前的記憶體配置。您可在 46 頁的〈調整 Pi 的記憶體配置〉中回顧一下何為記憶體配置與如何設定。

4.2 設定影像輸出

您可在 /boot/config.txt 檔案中設定許多有關韌體的動作，它包含了 Pi 所有韌體的設定參數。將這些文件加入瀏覽器書籤[3]以便回顧是個好主意，不過您遲早會想要對它們動一些手腳。透過設定檔，您不只調整影音的輸出設定，甚至還能調整 CPU 時脈。

大部分的預設值都能在各個作業系統上運作良好，但唯獨影像輸出不是這麼回事。原因在於有過幅顯示及半幅顯示兩種影像模式，這種狀況在使用壓縮影像輸出時尤其明顯。如先前所述，半幅模式的影像無法填滿整個螢幕，因此會在影像旁邊出現黑框。另外在過幅模式中則是相反狀況，您無法看到完整的影像，而是被顯示器切掉一部份。

例如圖 10 所示，過幅顯示容易導致影像輸出不全，最下方的程式碼無法完全呈現。您可調整一些設定選項就能解決這兩個問題。

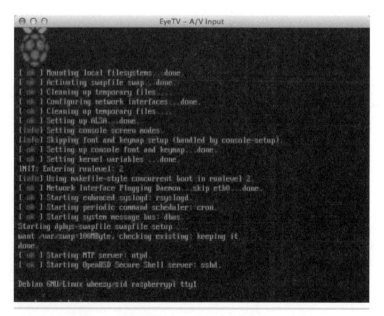

圖 10　過幅顯示容易導致影像輸出不完整

---

3 http://elinux.org/RPi_config.txt

如 4.1 節〈更新韌體與系統核心〉中所提到的，您可由任何一臺電腦來存取 /boot 目錄下的所有檔案。如果您想在 Pi 上編輯 /boot/config.txt 這個檔案的話，請用以下指令來開啟 nano 文字編輯器或您喜歡的文字編輯器來進行編輯：

pi@raspberry:~$ sudo nano /boot/config.txt

開啟編輯器後，請在檔案中加入以下內容來調整過幅顯示問題：

```
# Adjust overscan.
overscan_left=10
overscan_right=20
overscan_top=0
overscan_bottom=10
```

組態參數的格式相當簡單，就是參數名稱加上「＝」等號與它的內容值。您也可在檔案中加入註解，註解都是以「＃」開始。在上方的範例中，我們將 overscan_bottom 設定成 10 像素，如此一來在重新啟動 Pi 之後，Pi 就不會去使用顯示器下方 10 像素的畫面區域。在圖 11 中，您可以看到調整後的效果。

您也可利用這組參數來調整半幅顯示問題，也就是將圖片放大並移除掉邊緣的黑框。您只需將參數值設定成負數即可解決這個問題。

```
overscan_left=-20
overscan_right=-10
```

每次編輯 /boot/config.txt 後，都須重新啟動 Pi，因此要正確套用顯示設定需要一點時間。

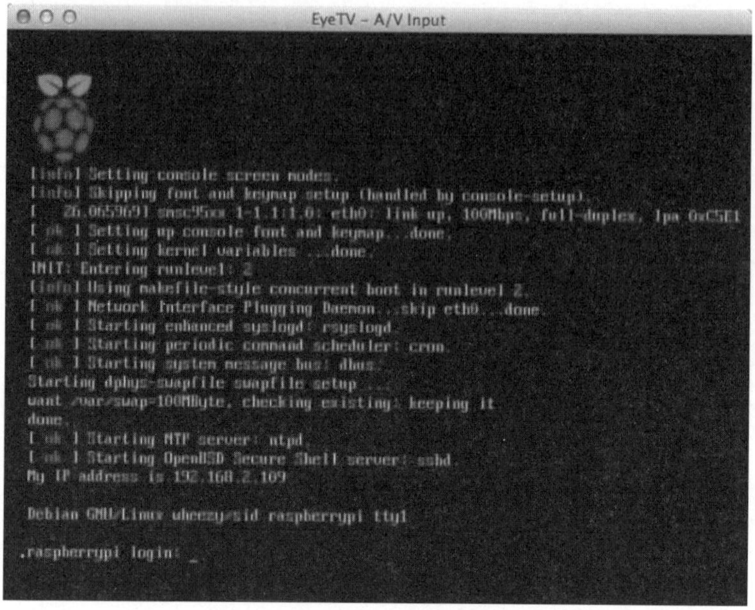

圖 11　已解決過幅顯示問題

　　您可花點時間稍微看看所有的組態參數，這樣如果發生問題時也比較容易找到對應的參數。您可以自由調整大部分的參數，但請注意調整有些參數，像是 overlocking 時脈參數，很可能會造成您的 Pi 違反保固條款。若您的 Pi 無法正常開機或無法正常顯示畫面，請在別臺電腦上編輯 /boot/config.txt 檔案後並取消您上次做的更動。如果以上的方法都沒有用，請將 /boot/config.txt 檔案整個刪除，Pi 會以預設設定來開機。當然您也可以重新複製一個 Raspbian 映像檔到 SD 卡中來重灌作業系統。

4.3 測試並調整音效系統

　　Linux 系統上的音效輸出總是有些小毛病，但 Raspbian 預設就有音效功能。請執行以下指令，來進行第一次音效測試吧：

pi@raspberry:~$ cd /opt/vc/src/hello_pi/libs/ilclient

```
pi@raspberry:~$ make
pi@raspberry:~$ cd ../../hello_audio
pi@raspberry:~$ make
pi@raspberry:~$ ./hello_audio.bin
```

以上指令會編譯出一個可發出警報聲的小型測試程式。聲音是透過類比音源孔來輸出的，只要插上耳機或喇叭就能聽到聲音了。或者，您也可利用 HDMI 來播放聲音。

```
pi@raspberry:~$ ./hello_audio.bin 1
```

Pi 會自行選擇最佳的音效輸出方法，它會在 HDMI 可用時優先使用 HDMI，其次才是類比輸出。您可利用 amixer 來調整，它是一個用來設定音效硬體的小工具。請執行以下指令來看看有哪些可以調整的選項：

```
pi@raspberry:~$ amixer controls
numid=3,iface=MIXER,name='PCM Playback Route'
numid=2,iface=MIXER,name='PCM Playback Switch'
numid=1,iface=MIXER,name='PCM Playback Volume'
```

您能調整的選項只有三個，且必須透過它們的 numid 編號才能修改它們。如果這些選項有個親切點的名字就好了，但 amixe 的開發團隊決定使用數字編號。設定播放方式（Playback Route）的 numid 為 3，請依照以下方式操作：

```
pi@raspberry:~$ sudo amixer cset numid=3 1
```

以上指令會將播放方式指定為 1（類比輸出）。您也可將其設為 0（自動選取）或 2（HDMI）。當所有功能都順利運作時，您可將 amixer 指令加至 /etc/rc.local 這個檔案中，這樣 Pi 就會在開機時自動執行。請打開文字編輯器例如 nano，並在 /etc/rc.local 檔案中加入以下內容：

```
amixer cset numid=3 1
```

將以上指令加到檔案的最後，但也別就這麼加在最後一行。請將它放在 exit 0 指令之前即可。

順道一提，有些顯示器無法正確偵測到 HDMI 端子，所以您也許可透過 HDMI 順利看到影像但是聽不到聲音。您可藉由在 /boot/config.txt 這個檔案中，將韌體的組態參數 hdmi_drive 改為 2 應可解決此問題。請回顧 4.2 節〈設定影像輸出〉。

4.4 下一階段

本章節中您學到了如何設定 Pi 的韌體。您已經了解到如何解決影像顯示的問題，以及修改系統參數，例如調整記憶體配置來符合您的需求。下一章節是個輕鬆的主題，我們將告訴您如何將 Pi 轉換成一個資訊服務系統（kiosk system）。

5. 小插曲：利用 Pi 建立一個資訊服務系統

如果最近您曾去過任何一個機構的接待室，您很可能已經看過了所謂的資訊服務系統（kiosk system）[1]。一般來說，它是由一臺老電視機搭配了 DVD 播放器，或者再古老一點的 VCR 錄影帶播放器。在醫院的候診室中，您會接收到許多有關新式昂貴療程的資訊，或者在維修坊裡接受無用商品的廣告轟炸。影像時有時無，內容也錯誤百出，您早晚會受不了而起身尋找更專業的資訊來源。

但在其他地方，您可以找到一些相當不錯的資訊服務系統，例如在捷運站裡，您可看到大螢幕正在播放即時新聞、氣象預報甚至卡通。資訊服務系統的優劣就在於，好的系統不會一直重複相同的內容，而是會透過網路來更新內容。

在此 Raspberry Pi 就是一個完美的平臺，讓您能架設便宜但功能強大的資訊服務系統。在此章節中，您將學到如何利用 Pi 來建立資訊服務系統，來顯示 Twitter 上的即時搜尋資訊。

5.1 顯示 Twitter 的即時搜尋資訊

您所要用來建立大多數的資訊服務系統的軟體就是網頁瀏覽器。它很適合用來顯式多媒體內容，您只需要將所要呈現的資訊做成一個

---

1 http://en.wikipedia.org/wiki/Kiosk_software

HTML 網頁即可。

此外您也需要關閉瀏覽器所有的工具列，並確保瀏覽器會定期自動更新頁面。而目前市面上大部分的瀏覽器都已具備此功能。

在第六章〈將 Pi 連上網路〉中，您將會學習使用 Debian 內建的 Midori 瀏覽器。簡單來說，它很好用，您可利用它來建立一個令人耳目一新的資訊服務系統。

接下來您要建立一個可顯示在 Twitter 上特定名詞的動態搜尋結果。以此書為例，您當然會想要搜尋「maik_schmidt」、「pragprog」及「raspberrypi」這些關鍵字來看看。您可在以下的螢幕截圖中看到搜尋結果。

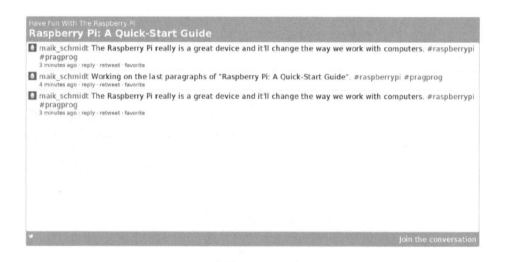

系統將會以每 10 到 30 秒的速度自動更新頁面，當訊息的數量超出頁面範圍時，頁面的捲動效果也相當流暢。接上 46 吋大螢幕的話，這個系統看起來真的很棒，放在您公司大廳是個不錯的主意。

上圖看起來像一個變胖的 Twitter 桌面小工具。這並不會讓人意外，因為它真的是 Twitter 桌面小工具。一般來說，您會將類似這樣的

Twitter 小工具資訊服務嵌入您的個人網頁，但它正是資訊服務系統的關鍵技術。訣竅就在於把它當作資訊服務系統的本體，而非它原本的桌面小工具來使用。因此您需要做的就是把它的尺寸拉到很大，並調大網頁字體。

　　這種桌面小工具最棒的地方在於，我們可以撿現成的而不必親自動手。舉例來說，您可從 Twitter 網站[2] 下載桌面小工具來調整它。您可決定它的標題、寬度、高度或是外觀顏色與搜尋關鍵字。再由網站產生可嵌入的 JavaScript 語法，結果如下：

kiosk/widget.html

```
Line 1  <html>
   -      <head>
   -        <style>
   -          .twtr-widget {
   5            text-align: center;
   -          }
   -          .twtr-doc {
   -            text-align: left;
   -            margin: auto;
  10          }
   -        </style>
   -
   -        <script charset="utf-8" src="http://widgets.twimg.com/j/2/widget.js">
   -        </script>
  15
   -        <script>
   -          new TWTR.Widget（{
```

2 https://twitter.com/settings/widgets/new/search

```
-           version: 2,
-           type: 'search',
20          search: 'maik_schmidt pragprog raspberrypi',
-           interval: 10000,
-           title: 'Have Fun With The Raspberry Pi',
-           subject: 'Raspberry Pi: A Quick-Start Guide',
-           width: 1700,
25          height: 800,
-           theme: {
-             shell: {
-               background: '#8ec1da',
-               color: '#ffffff'
30            },
-             tweets: {
-               background: '#ffffff',
-               color: '#444444',
-               links: '#1985b5'
35            }
-           },
-           features: {
-             scrollbar: false,
-             loop: true,
40            live: true,
-             behavior: 'default'
-           }
-         } ) .render ( ) .start ( ) ;
-       </script>
45    </head>
```

```
-
-      <body>
-      </body>
- </html>
```

　　Twitter 網站會幫您把所有的 JavaScript 語法搞定。您只要加上一些 HTML 標籤就搞定了。其中第 4 到第 10 行負責將小工具置中。如果您日後還想調整小工具位置的話，只要修改此處即可，不須回到網站重新產生一次新的語法。而在這些語法中最重要的部分為 20 到 25 行，您可在此修改小工具的標題、搜尋關鍵字、畫面尺寸與更新間隔。順帶一提，更新間隔的單位為毫秒，另外請注意 Twitter 不一定會照著您所設定的時間來更新，所以小工具將不如您所想的那樣頻繁地更新。

　　您可利用 nano 文字編輯器將把小工具的程式碼傳入您的 Pi 中。比較好的做法是從本書網站[3] 下載本書的程式碼壓縮檔，若您使用的是電子書，可點擊上方的程式碼檔名來取得工具列語法。Midori 瀏覽器會將所有的下載檔案存到 /tmp 目錄中，當下載完成時，請在終端機介面執行以下指令來開啟壓縮檔：

```
pi@raspberrypi ~ $ cd /tmp
pi@raspberrypi ~ $ unzip msraspi-code.zip
```

　　您可在 /tmp/code/kiosk/widget.html 中找到小工具所需的語法。在您將語法套用到 Midori 瀏覽器前，請先用 nano 文字編輯器來開啟它，並根據您的需求來調整搜尋關鍵字、寬度與高度。

```
pi@raspberrypi ~ $ nano /tmp/code/kiosk/widget.html
```

3 http://media.pragprog.com/titles/msraspi/code/msraspi-code.zip

想完成修改，只要在 nano 中按下 Ctrl+X，來決定您是否要存檔，再確認檔名即可。

執行資訊服務小工具非常簡單，開啟 Pi 的 LXDE 桌面，接著啟動 Midori 瀏覽器。選擇 Midori 的開啟（Open）選單，找到含有小工具程式碼的資料夾。小工具變會自動執行，您可按下 F11 來開啟全螢幕模式測試完整的效果。

現在小工具會填滿整個螢幕模式還會自動更新。請按 Ctrl 與「＋」來放大字體。連一行程式碼都沒有寫，您已經將 Pi 變成一個資訊服務系統了。

5.2 自動刷新瀏覽網頁

在前一節所用的 Twitter 小工具還有一個很棒的功能：它可利用 JavaScript 語法來自動更新網頁內容。但並非所有的網頁都這麼貼近人性，有些您得自行更新。一個解決方法就是在 HTML 語法前段加上 <meta> 標籤來設定網頁自動更新，語法如下：

<meta http-equiv="refresh" content="120"></meta>

以上的標籤會每 120 秒重新載入一次網頁。這個方法很簡單，但這僅限於您有辦法去修改網頁內容並能存取伺服器才行。因此最好的辦法就是告訴您的網頁，要它每隔一段時間就重新載入網頁。大部分的瀏覽器都有這樣的功能，且通常叫做 kiosk 模式。當然 Midori 也不例外。使用此功能時，您需要從指令列來啟動 Midori。在 Midori 指令前方加上「-a」，就能指定要顯示的網頁或檔案位置。加上「-i」來設定更新間隔，加上「-e」來開啟全螢幕模式，指令如下：

pi@raspberrypi ~ $ midori -i 30 -e Fullscreen \
-a "http://twitter.com/search?q=pragprog"

以上指令會顯示「pragprog」的 Twitter 搜尋結果，並每 30 秒更新一次頁面。最後按 Ctrl 與「＋」數次來放大字體，這樣就完成了。另外，Midori 支援了許多外部控制選項，您可使用以下指令列出可用的外部控制選項：

pi@raspberrypi ~ $ midori --help-execute

5.3 下一階段

本章中，您學到了如何在幾個步驟中就能將 Pi 變成一個資訊服務系統。看看您公司中有沒有它能派得上用場的地方。舉例來說，您可以將您最重要的系統狀態持續顯示在大螢幕上。您也可以在別處顯示顧客或者訂單數量。當然，您也可以低調一點，秀幾張投影片來述說您公司的豐功偉業就可以了。

6. 將 Pi 連上網路

　　和所有的電腦一樣，Pi 在連上網路的瞬間會變得更刺激好玩。您可用 Pi 來做許多例行公事，例如逛逛網頁或發訊息。您也可以讓 Pi 可透過 SSH（Secure Shell）來存取，因此您可輕易地從別臺電腦連接您的 Pi。您甚至可以分享 Pi 的桌布給別臺電腦，反之亦然唷！

　　最棒的還不只這樣，拿 Pi 當作伺服器主機可是便宜又大碗，不只可處理靜態資料，也可執行像 PHP 這樣的網路應用程式。

6.1 透過網路完成例行公事

　　您可能已經習慣於利用瀏覽器做這些事，如收發 email、讀取 RSS 資訊、觀賞影片、發布訊息等。能做到這樣是因為目前大部分的瀏覽器都支援 HTML5、Flash、JavaScript 和 Java 語法。如果沒有這些技術的話，現在的網路生態大概還跟 1995 年時的差不多吧！

　　目前只有像 Google Chrome 或 Mozilla Firefox 這類的瀏覽器能完整支援這些功能。儘管您可以在 Raspbian 上安裝 Chromium 瀏覽器[1]，但要它在 Pi 上順暢地執行可能還需要一點時間。再者，目前它不支援所有的功能，例如播放影像。最大的關鍵就是 Pi 那小小的記憶體空間，因為較新式的瀏覽器都要吃掉相當大的記憶體。

　　當您幫 Pi 安裝 Debian 時，這套作業系統所附帶的瀏覽器就是 Midori[2]。由於 Midori 的記憶體需求不高，因此對於 Pi 來說是較好的選

---

1 http://hexxeh.net/?p=328117859
2 http://twotoasts.de/index.php/midori/

擇。但不幸的是，Midori 還在早期的發展階段，限制也不少。舉例來說，目前無法在 Pi 上瀏覽包含 Flash 和 Java 語法的網頁。所以當您造訪一個使用 Flash 或是 Java applet 的網站時，不論您在 Pi 上使用哪種瀏覽器都一樣無法正確顯示。

我真的很想要 Chrome

在本書編寫期間，Chromium 瀏覽器才剛發布而且不太穩定。不但如此，速度也不怎麼快，但如果您仍舊堅持要在 Pi 上安裝 Chromium 的話，請執行以下的指令：

pi@raspberrypi ~ $ sudo bash <(curl -sL http://goo.gl/5vuJI)

接著在終端機介面輸入以下的指令來開啟 Chromium 瀏覽器：

pi@raspberrypi ~ $ chrome --disable-ipv6

為了讓執行速度變快一點，請將 GPU 的可用記憶體設定成最高 32MB（方法請見 2.2 節），此外您也得考慮是否需要將 Pi 超頻（方法請見 2.2 節）。

儘管 Midori 能處理 HTML5、CSS3 及 JavaScript 語法，它還是無法完全呈現較新式的網站。例如：Google Mail 就無法在 Pi 上執行，因為在網頁中有部分 JavaScript 是 Midori 功能所不及的。此外 Midori 也需要花不少時間來開啟 Google Mail 的預設畫面。為了改善這些問題，您可由 Modori 的偏好設定（Preferences）中的行為選單（Behaviour menu），來將 JavaScript 語法關閉，接著選用 Google Mail 的基礎 HTML

介面。但即便如此，有些欄位還是會怪怪的，例如收件人欄位。最好的解決辦法是直接從通訊錄中選擇收件人信箱，或者從其他欄位複製之後，再貼到收件人與副本欄位才能正常操作。

關閉 JavaScript 語法可同時提高其他網站在 Pi 上的可用度。當您關閉瀏覽器的 JavaScript 後，大多數的網站會直接回傳單純的 HTML 格式。儘管它沒有什麼花俏的功能，但至少可以用。

對 Twitter 來說也一樣，Midori 可以開啟它，但是一樣很慢。最好的解決方法就是使用 Twitter 的手機版[3]。這樣當然無法使用原有網站的所有功能，但該有的 Twitter 功能都有。最重要的是，可以在 Midori 上使用。

還有一個您也許用得上小技巧，就是調整 Midori 的使用者代理人（user agent）。所有的瀏覽器在做任何一項需求時都會傳送一組唯一的識別碼來告知網路伺服器它所指定的需求種類。這個識別碼的名稱就叫 user agent，有些網站會根據於這個識別碼的數值來更改回應。舉例來說：部分瀏覽器會因為無法辨識使用者代理人，而產生錯誤訊息。但在 Midori 中，您可在偏好設定 > Network 選單中來更改使用者代理人的相關設定。透過更改代理人，您可讓 Midori 偽裝成火狐（Monzilla FireFox）、Mac OS 中的 Safari 甚至是一臺 iPhone。

但現在有部分的網站，就算您已經做了這些嘗試後還是無法執行，例如 YouTube[4]，它需要瀏覽器支援 HTML5 或 Flash 等格式。而 Raspbian 上的 Midori 現在並不支援這兩種格式的語法，所以無法正常顯示 YouTube。糟糕的還不只這些，若有網頁需要使用 JavaScript 或 Java applet，Midori 也無法執行。但幸運的是，現在使用 Java applet 的人不太多，只有少部分，如網路銀行還在使用而已。

除了上述的問題外，Midori 另一個問題就在於資源使用量過大，特別是 CPU。在 Midori 要開啟網頁時，常常會佔掉幾乎所有的 CPU

3 http://mobile.twitter.com
4 http://youtube.com

使用量——因此有時您可能需要等個好幾分鐘只為了開一個網頁。

別忘了您可關閉 JavaScript 設定，以及大多數的網頁都有針對手機設計的行動版網頁，Midori 其實可以應付大部分的狀況。而且，挾著 Pi 的高人氣，Modori 未來一定會變得更好的。

6.2 在 Pi 中使用 Secure Shell

您應該會想把 Pi 連上網路，這樣之後您就可透過其他電腦與 Pi 互連。而能保障您的通訊安全最好的方法之一就是 SSH（Secure Shell），它是用來確保資料通訊安全的網路通訊協定。Debian 已為您備妥所有有關 SSH 的事項，您只要調整一些設定就可以了。

輸入密碼來登入 Pi

若您想要由 Pi 來登入其他的電腦，這不需要設定任何東西。舉例來說：您可以管理員身分登入至 maik-schmidt.de 這臺主機，只要開啟 Pi 中的 SSH，並輸入要連線電腦的使用者名稱與密碼即可。

pi@raspberrypi ~ $ ssh admin@maik-schmidt.de
admin@maik-schmidt.de's password:
Last login: Wed May 2 09:41:34 2012 from 94.221.82.250
admin@maik-schmidt.de:~$ exit
logout
Connection to maik-schmidt.de closed.

然而若您想利用 SSH 來登入 Pi，首先您必須使用 Raspi-config，將 Pi 上的 SSH server 選項設定為開啟。

pi@raspberrypi ~ $ sudo raspi-config

選擇 ssh 選項，然後開啟 SSH server，再按下結束鈕離開 Raspi-config。重開機後，Pi 的開機紀錄就會包含以下的新訊息：

Starting OpenBSD Secure Shell server: sshd
My IP address is 192.168.2.109

這代表您現在可以使用 SSH 來登入 Pi，而這臺 Pi 的 IP 位址為 192.168.2.109。不過您電腦的 IP 位址通常不會跟書上的一樣。若您想知道 Pi 上的 IP 位址，只需執行以下指令即可：

pi@raspberrypi ~ $ ip addr | grep 'inet .* eth0'
inet 192.168.2.109/24 brd 192.168.2.255 scope global eth0

第一行代表的是您的 IP 位址。您可使用其他電腦利用這組 IP 位址來登入您的 Pi。

在 Mac 或 Linux 系統上，請使用以下指令來啟動 SSH，送出該名 Pi 使用者的 IP 位址以及登入密碼。

maik> ssh pi@192.168.2.109
pi@192.168.2.109's password:
Linux raspberrypi 3.1.9+ #171 PREEMPT Tue Jul 17 01:08:22 BST 2012 armv6l

The programs included with the Debian GNU/Linux system are free software;
the exact distribution terms for each program are described in the individual files in /usr/share/doc/*/copyright.
Debian GNU/Linux comes with ABSOLUTELY NO WARRANTY,

to the extent permitted by applicable law.

Type 'startx' to launch a graphical session

Last login: Fri Jul 20 08:06:17 2012
pi@raspberrypi ~ **$ exit**
logout
Connection to 192.168.2.109 closed.

　　而要在 Windows box 中登入 Pi 的話，您需要使用 SSH 客戶端軟體，最好用的軟體之一就是 PuTTY[5]。它是個可直接執行的免安裝小程式。只要下載執行檔，點選後啟動它，您就會看到如下圖的設定視窗：

　　PuTTY 允許您調整許多組態，並且可以讓您針對不同的連線分別儲存不同的設定。您只需要輸入 IP 位址並按下開啟鍵即可登入 Pi。接著您就會看到熟悉的 Pi 登入畫面，如圖 12。

5　http://www.chiark.greenend.org.uk/~sgtatham/putty/download.html

圖 12　從 Windows 登入 Pi 相當簡單

利用公鑰與私鑰來登入 Pi

如果您常常使用 SSH 來登入 Pi，每次都要輸入密碼真的很麻煩。有一個更方便的方法就是公鑰私鑰登入機制。為了完成這項功能，您必須在您的個人電腦上產生一把金鑰，而這把金鑰有兩個部分，一個是公鑰，另一個是私鑰。而您要將公鑰複製到 Pi 中。在您下一次從電腦登入 Pi 時，SSH 協定便會檢查該公鑰與您的私鑰是否吻合來確認您的登入身分。若您想要從多臺電腦登入 Pi，您必須在每臺電腦上執行下列步驟。

在您產生一對新的金鑰之前，須確認您是否已擁有金鑰。在 Linux 或 Mac OS X 上，請在終端機模式輸入以下指令：

maik> ls ~/.ssh/id_rsa.pub

/Users/maik/.ssh/id_rsa.pub

公鑰包含在 id_rsa.pub 這個資料夾中，上方的指令會列出公鑰。若列出的跟先前的一樣，這代表您已經有公鑰在 Pi 中了，如此一來您便可跳過產生金鑰與複製金鑰的步驟。若出現「No such file or directory」之訊息，則您需要用以下指令來產生金鑰：

maik> ssh-keygen -t rsa -C "your_email@youremail.com"
Generating public-private rsa key pair.
Enter file in which to save the key（/Users/maik/.ssh/id_rsa）:
Enter passphrase（empty for no passphrase）:
Enter same passphrase again:
Your identification has been saved in
/Users/mschmidt/.ssh/id_rsa.
Your public key has been saved in
/Users/mschmidt/.ssh/id_rsa.pub.
The key fingerprint is:
f0:09:09:49:42:46:42:6f:42:3b:42:44:42:09:6a:e8
your_email@youremail.com
The key's randomart image is:
```
+ -- 〈 RSA 2048〉 -----+
| . .o..             |
|+ ..o + .           |
|o.o + B o           |
|.+ o o B .          |
| E      = S .       |
| . . o              |
| .                  |
|                    |
|                    |
+ - - - - - - - - - - - - - - - - - - +
```

這步驟將會在您的主目錄中產生一對金鑰。您便可在 id_rsa.pub 這個檔案中找到公鑰。現在您必須將該檔案移動到 Pi 中，SSH 會在 Pi 使用者的主目錄下一個名為 .ssh/authorized_keys 檔案中存放所有已授權的金鑰。以下的指令會把id_rsa.pub的檔案內容加入 Pi 的授權金鑰清單中：

maik> scp ~/.ssh/id_rsa.pub pi@192.168.2.109:/tmp
maik> ssh pi@192.168.2.109 "cat /tmp/id_rsa.pub 〉 ~/.ssh/authorized_keys"

第一行指令會將 id_rsa.pub 檔案複製到 Pi 的 /tmp 目錄中，而第二行指令將該檔案內容加入 ~/.ssh/authorized_keys 檔案中。若您不打算在 authorized_keys 檔案中存放多把金鑰，您可直接複製 id_rsa.pub 檔案過去。

maik> scp ~/.ssh/id_rsa.pub pi@192.168.2.109:/home/pi/.ssh/authorized_keys

在 Windows box 中，您可從 PuTTY 官網下載網頁中一些附加工具來產生金鑰並將金鑰複製到 Pi 中。在圖 13 中，您可看到用來產生金鑰的 PuTTYgen 小程式。

接著利用PSCP小程式來複製已產生的公鑰。它的功能與 scp 類似，因此可在 DOS 視窗中執行以下指令：

C:\> pscp id_rsa.pub pi@192.168.2.109:/home/pi/.ssh/authorized_keys

現在您的 Pi 已經是一臺功能完整的網路裝置了。

圖 13　在 Windows 上利用 PuTTYgen 來產生金鑰

6.3 利用 Pi 分享桌面資料

　　利用 SSH 登入 Pi 不但方便，還開啟了許多可能性。舉例來說：您可以藉此進入 Pi 的檔案系統、啟動或關閉任一程序，以及監控 Pi 的一舉一動。而到目前為止，SSH 最大的不便之處在於它的作業方式是以文字式的終端機介面進行。

　　不過，只要使用別臺電腦就能輕鬆解決這個問題，藉此控制 Pi 的桌面、鍵盤及滑鼠。這個方法叫虛擬網路運算[6]（Virtual Network Computing，簡稱 VNC），它能將另一臺電腦的整個螢幕畫面以及鍵盤與滑鼠的動態傳送到另一臺電腦上面。

　　為了使 VNC 能順利運作，您分別需要 VNC 客戶端與伺服端軟體。伺服端需安裝在您所想要控制的裝置上，而 VNC 客戶端則安裝在控制裝置上。如果您想要利用桌上型電腦來控制 Pi，您就必須要在 Pi 上安裝

6　http://en.wikipedia.org/wiki/Vnc

伺服端軟體。伺服端軟體有很多種選擇，在此書中推薦使用 TightVNC[7]，它能免費使用於大部分的作業系統，並且可以使用 apt-get 來安裝。

pi@raspberrypi ~ $ sudo apt-get install tightvncserver
pi@raspberrypi ~ $ tightvncserver

You will require a password to access your desktops.

Password:
Verify:
Would you like to enter a view-only password （y/n）? n

New 'X' desktop is raspberrypi:1

Creating default startup script /home/pi/.vnc/xstartup
Starting applications specified in /home/pi/.vnc/xstartup
Log file is /home/pi/.vnc/raspberrypi:1.log

當您第一次執行 tightvncserver 時，它會要求您設定一組密碼。您稍後需要在 VNC 客戶端上設置好這組密碼來避免任何未經授權的使用者登入您的 Pi。此外，TightVNC 可讓使用者設定唯讀式的密碼，這組密碼讓 Pi 的桌面情況出現在客戶端的螢幕上，使用者只看得到螢幕上所顯示的內容，但不能操控鍵盤與滑鼠。這在進行簡報時是個好用的功能。

在設定好密碼後，TightVNC 會建立一個虛擬桌面，好讓您能夠從 PC 或 Mac 來登入。而 VNC 最貼心的地方在於您可以根據實際的需要來建立多個虛擬桌面。這些虛擬桌面並不需要真的對應到某個實際的桌面。它們就是虛擬的，也就是說，當多個使用者登入您的 Pi 時，他

---

7 http://www.tightvnc.com/

們每個人會各自擁有自己專屬的虛擬桌面環境。

　　您需要兩樣東西來產生虛擬桌面：Pi 的 IP 位址以及該桌面的埠號（port address）。VNC 的埠號是從 5900 開始，若您要登入第 1 號桌面，就要使用埠號 5901。因此要登入您使用前頁的指令所建立出來的桌面，IP 位址須指定為 192.168.2.109:5901。請切記，您的 IP 位址可能與本書範例不盡相同，操作時請特別注意。

　　現在您已經設置好 Pi 的 VNC 伺服端位址了，可以從桌上型電腦或 Mac 的 VNC 客戶端來登入 Pi 了，而 Mac 作業系統已經內建了 VNC 客戶端。因此您可以直接使用 Safari 瀏覽器來連接 VNC 伺服端。請在 Safari 瀏覽器上方的網址列輸入：vnc://192.168.2.109:5901，Safari 瀏覽器便會叫出畫面分享軟體，接著輸入您先前設定好的密碼就完工了。登入成功的畫面如圖 14。

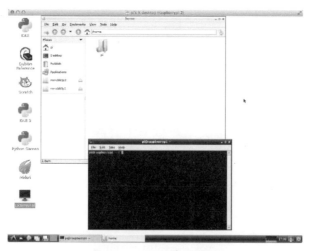

圖 14　從 Mac 來控制 Pi

　　而在 Windows 或 Linux 上的作法也是差不多的，只是您必須要先安裝好 VNC 客戶端軟體。安裝並不困難，因為 TightVNC 也可在 Windows 及 Linux 作業系統上執行，也包含有客戶端軟體。

　　反過來從 Pi 來控制您的桌上型電腦或 Mac 也非常簡單。首先，在桌上型電腦上安裝 VNC 伺服端（在此再次推薦 TightVNC 這個 Windows 和 Linux 上的最佳選擇）。在 Mac 上安裝 VNC 伺服端就更簡單了，由於 Mac 在系統中已內建了 VNC，只需要將它啟動即可。請進入系統偏好設定（System Preferences），在分享（Sharing）項目中啟動桌面分享（Screen Sharing）。點選電腦設定（Computer Settings）來設定一組密碼（偏好設定的視窗如圖 15）。

圖 15　分享 Mac 的桌面

　　接著您需要在 Pi 上安裝 VNC 客戶端，在此推薦 xtingtvncviewer。您可利用 apt-get 來安裝 xtingtvncviewer。

pi@raspberrypi ~ $ sudo apt-get install xtightvncviewer

　　然後在 Pi 的桌面上開啟終端機，啟動客戶端軟體，輸入您桌上型電腦的 IP 位址與 VNC 埠號即可。

pi@raspberrypi ~ $ xtightvncviewer 192.168.2.100:5900

在圖 16 中，您可看到在 Pi 的桌面上有個 Mac 桌面的視窗，如果沒有順利執行，請確認您的 IP 位址與埠號是否正確。但通常埠號都是 5900，但不同的 VNC 伺服端可能有指定不同的埠號。

圖 16　從 Pi 遠端控制 Mac

6.4 將 Pi 當作網路伺服器

拿 Pi 的硬體等級跟現今的網路伺服器相比，可說是小巫見大巫，但 Pi 還是足以在區域網路內發布資訊。Pi 不只能處理靜態的網頁服務，它也可透過資料庫與網頁應用程式來產生動態網頁內容。此外，它甚至可以透過網路來連接 GPIO 埠。

您要將 Pi 變成一臺網路伺服器，首先您需要的是，一個可執行超文本傳輸協定（Hypertext Transfer Protocol 簡稱 HTTP）的 HTTP 伺服器。在此您有許多選擇，例如 Apache HTTP server [8] 或 Nginx [9]，但對 Pi

---

8 http://httpd.apache.org/
9 http://nginx.org/

來說，由於 Lighttpd [10] 的記憶體使用率較低，因此推薦使用。

安裝與執行 Lighttpd 的相當簡單，如下方指令所示：

pi@raspberrypi ~ $ sudo apt-get install lighttpd

安裝結束後，Lighttpd 便會啟動，此時您可由桌上型電腦的瀏覽器輸入 Pi 的 IP 位址。例如在圖 17 中，您可看到網路伺服器的歡迎頁面。

圖 17　Lighttpd 的歡迎頁面

要建立您的網頁，您必須將構成網頁所需的資料放到 Lighttpd 的文件根目錄中，在此包含了所有網頁的相關檔案。

Lighttpd 的文件根目錄預設在 /var/www 這個目錄內。請注意，只有作業系統中 www-data 群組內的使用者才有權限來寫入它。以下指令會將

10　http://www.lighttpd.net/

Pi 的使用者加入 www-data 群組內，並設定 /var/www 目錄的編輯權限：

pi@raspberrypi ~ $ sudo adduser pi www-data

pi@raspberrypi ~ $ sudo chown -R www-data:www-data /
var/www

pi@raspberrypi ~ $ sudo chmod -R 775 /var/www

等到下次登入之後，這名 Pi 使用者就能建立新的網頁了。您可使用任何文字編輯器，例如先前介紹過的 nano 來編輯網頁。以下的指令會建立一個名為 index.html 的檔案，這將會是您網站的起始頁面：

pi@raspberrypi ~ $ nano /var/www/index.html

接著在文字編輯器中輸入下列文字：

Networking/index.html

```
<!DOCTYPE html>
<html>
  <head>
    <title>Hello, world!</title>
  </head>
  <body>
    <h1>Hello, world!</h1>
  </body>
</html>
```

輸入完畢後，按下 Ctrl+X 來離開 nano。按下 Y 確認儲存檔案，

再按下 Enter 確認檔案名稱。此時在瀏覽器中輸入該網頁位址，所見
如下：

　　順道一提，如果您比較喜歡這麼做的話，也可在桌上型電腦編輯
index.html 網頁檔之後，再把它複製到 Pi 中（要記得把文中的 IP 位址
改為您所使用的 Pi 的 IP 位址）。

maik> scp index.html pi@192.168.2.109:/var/www

　　短短的幾行指令，您的 Pi 就已經變身為一個完整的網路伺服器了，
它能處理靜態內容，例如 HTML 網頁。這已經相當不錯了，但如果您可
能需要一些動態頁面。舉例來說，您可能會想要把資料庫中的資料嵌入
網頁中，或者是把由 Pi 感測器所接收的的環境資料嵌入網頁中。
　　為了建立動態內容，您需要使用程式語言，同樣地您也有相當多
的選擇。但對 Pi 來說，PHP [11] 可說是首選，原因在於它不耗資源而且
安裝簡單。

pi@raspberrypi ~ $ sudo apt-get update
pi@raspberrypi ~ $ sudo apt-get install php5-cgi
pi@raspberrypi ~ $ sudo lighty-enable-mod fastcgi
pi@raspberrypi ~ $ sudo /etc/init.d/lighttpd force-reload

---

11 http://www.php.net/

上述指令將安裝 PHP 解譯器與啟動 Lighttpd 伺服器中的 FastCGI 模組。FastCGI [12] 可大幅提高動態網頁內容的處理速度，因此最好將它啟動。為了完成安裝程序，您需要修改 Lighttpd 的組態檔案內容。

pi@raspberrypi ~ $ sudo nano /etc/lighttpd/lighttpd.conf

請在檔案最後加入下方幾行指令，用來啟動 PHP 及 FastCGI。

```
fastcgi.server = （".php" => （ （
  "bin-path" => "/usr/bin/php-cgi",
  "socket" => "/tmp/php.socket"
） ） ）
```

儲存組態檔案變更完成之後，請重新啟動網路伺服器。

pi@raspberrypi ~ $ sudo service lighttpd restart

為了測試每項功能是否正確地運行，我們建立了一個名為 /var/www/index.php 的檔案來測試，它包含了以下內容：

Networking/index.php

```
<?php
  phpinfo （ ）;
?>
```

在您的網頁瀏覽器中開啟這個檔案，您將會見到如圖 18 所示的畫面。

12　http://www.fastcgi.com/

　　圖 18 所示之 PHP 資訊頁面包含了許多正在執行 PHP 的系統即時資訊。PHP 會動態產生這些資訊。由此您可看到每個程序都運作良好，接下來您就可以開始在 Pi 上建立自己的網路應用程式了。在第九章〈以 GPIO 針腳進行修修補補〉中，您會建立一個網路應用程式來控制 Pi 的外接硬體。

圖 18　用 Pi 傳送動態頁面資訊

6.5 在 Pi 中加入 WiFi 功能

　　無線網路（Wireless Fidelity 簡稱 WiFi）已遍及我們的生活。不管是咖啡廳、機場或者是旅館都提供了免費的 WiFi 給客人使用。甚至您的家中也有 WiFi。因此您可一邊與家人在花園裡舉辦烤肉派對，一邊用智慧型手機來控制一些重要的裝置。對 Windows 或 Mac OS X 系統來說，連接無線網路簡單到您會覺得好像沒做什麼事情就已經設定完成了。

　　但在 Pi 上情況就不同了，由於 Pi 的硬體設備並沒有預設支援 WiFi。因此您必須在 Pi 的 USB 接頭上外接 WiFi 無線網卡，而根據您所使用的 WiFi 無線網卡，有些時候 Raspbian 可以自動設定完成，有些時候您必須手動設定。在本節中您兩種方法都會學到。

利用 WiFi Config 來設定 WiFi 組態

　　在 Raspbian 中設定 Wifi 最簡單的方法就是使用 WiFi config 這個簡單的圖像化工具。首先將 WiFi 無線網卡插入 Pi 的 USB 接頭並啟動 LXDE 桌面，指令如下：

pi@raspberrypi ~ $ startx

　　接著您會在桌面上找到 WiFi config 的圖示。開啟它之後，您會看到如圖 19 中的程式畫面。

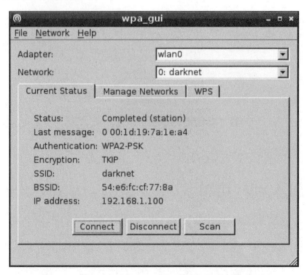

圖 19　使用 WiFi config 來搜尋無線網路

　　在連接器（Adapter）選單中選擇 wlan0，接著按下搜尋（Scan）來
搜尋周遭的無線網路。如果找到了您要的網路，在該網路名稱點兩下
便會出現設定視窗如圖 20 所示。

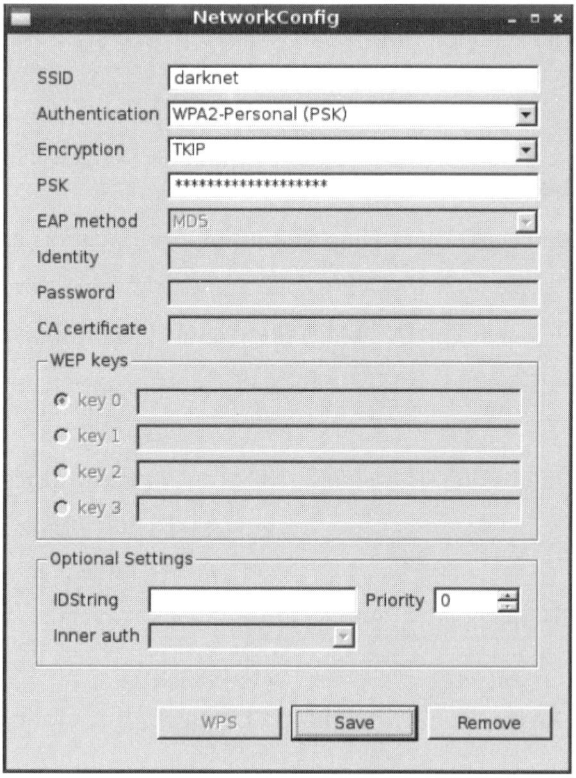

圖 20　從 WiFi Config 中調整參數

　　一般而言，在此您不需要做任何的變更。您只需要在 PSK 欄位中
輸入該 WiFi 的密碼即可。按下儲存鍵之後回到主畫面，再按下連接
（Connect）鍵即可將您的 Pi 接上無線網路。

　　一旦 Raspbian 與 WiFi Config 可辨識您所使用的 WiFi 無線網卡，WiFi
Config 可說是讓 Pi 連上無線網路的最快方法。但不巧的是，WiFi Config
並不適用於所有的 WiFi 無線網卡，甚至有時當您的 Pi 作為伺服器時，

根本無法進入桌面系統。所以在這些情形時，您需要手動設定 WiFi。

手動設定 WiFi

在指令列下設定 WiFi 不太方便，但也不算太難。首先，將您的 WiFi 無線網卡插入 Pi 的 USB 接頭，並執行 lsusb 指令來看看 Pi 是否可順利辨識它：

pi@raspberrypi ~ $ lsusb
Bus 001 Device 001: ID 1d6b:0002 Linux Foundation 2.0 root hub
Bus 001 Device 002: ID 0424:9512 Standard Microsystems Corp.
Bus 001 Device 003: ID 0424:ec00 Standard Microsystems Corp.
Bus 001 Device 004: ID 050d:0237 Belkin Components F5U237 USB
　　　　　　　　　　　　　2.0 7-Port Hub
Bus 001 Device 005: ID 04e8:2018 Samsung Electronics Co., Ltd
　　　　　　　　　　　　　WIS09ABGN LinkStick Wireless
　　　　　　　　　　　　　LAN Adapter
Bus 001 Device 006: ID 046d:c312 Logitech, Inc. DeLuxe 250
　　　　　　　　　　　　　Keyboard
Bus 001 Device 007: ID 046d:c05a Logitech, Inc. Optical Mouse M90

在此範例中，device 005 就是三星公司所生產的 WiFi 無線網卡。接著您可使用 dmesg 指令中 Pi 的開機紀錄來確認該裝置是否已順利初始化：

pi@raspberrypi ~ $ dmesg | less
…
usb 1-1.3.6: new high speed USB device number 5 using dwc_otg
usb 1-1.3.6: New USB device found, idVendor=04e8, idProduct=2018

usb 1-1.3.6: New USB device strings: Mfr=1, Product=2,
　　　　SerialNumber=3

usb 1-1.3.6: Product: 802.11 n WLAN

usb 1-1.3.6: Manufacturer: Ralink

usb 1-1.3.6: SerialNumber: 1.0

...

　　按下鍵盤的空白鍵可以到下一頁，按「b」可以回到上一頁。按「q」則可回到命令提示視窗。如您所見，現在所用的三星 WiFi 無線網卡中使用了 Ralink 公司所生產的晶片組。因為這款晶片組相當普遍，所以 Debian 可以自動辨識此裝置。但如果在 WiFi 無線網卡初始化之後，dmesg 指令出現了任何錯誤資訊，請到 Pi 的 Wiki [13] 頁面找找解決方法。通常您必須下載您所要使用的 WiFi 無線網卡韌體，並重新設定 Linux 核心。

　　如果沒有出現任何錯誤資訊，代表 Debain Linux 已成功辨識您的 WiFi 無線網卡。您可用以下指令來檢查 Pi 的無線網路介面狀態：

pi@raspberrypi ~ $ iwconfig

lo　　　　no wireless extensions.

eth0　　　no wireless extensions.

wlan0　　IEEE 802.11abgn ESSID:off/any
　　　　Mode:Managed Access Point: Not-Associated
　　　　Tx-Power=20　dBm
　　　　Retry long limit:7　　RTS thr:off　　Fragment thr:off
　　　　Power Management:on

13　http://elinux.org/RPi_VerifiedPeripherals#USB_WiFi_Adapters

以上的指令顯示，目前您的 Pi 並沒有接上無線網路，但 wlan0 介面已啟動並在執行中。您可以用以下的指令來搜尋無線網路：

pi@raspberrypi ~ $ sudo iwlist scan | grep ESSID
　　　　　ESSID:"darknet"
　　　　　ESSID:"valhalla"

在此範例中，找到了兩個分別名叫「darknet」與「valhalla」的無線網路。為了連接其中一個網路，您必須利用文字編輯器，例如 nano，來編輯 /etc/network/interfaces 這個設定檔內容。請在檔案中加入以下內容來連接 darknet 無線網路：

　　auto wlan0
　　iface wlan0 inet dhcp
　　wpa-ssid darknet
　　wpa-psk t0p$ecret

這幾行指令將會在您下次啟動 Pi 時自動開啟 wlan0 介面。此外，也會讓 Pi 透過動態主機設定協定（Dynamic Host Configuration Protocol，簡稱 DHCP）來取得 IP 位址。之後 Pi 便會使用「t0p$ecret」這組密碼來嘗試連接「darknet」無線網路。當然，您需要根據實際情況來修改網路名稱與密碼。

若您是個急性子，有個方法可以讓您不需要重新啟動 Pi。只要執行以下的指令，就能讓 Pi 連接上您的無線網路：

pi@raspberrypi ~ $ sudo ifup wlan0
Internet Systems Consortium DHCP Client 4.2.2

Copyright 2004-2011 Internet Systems Consortium.

All rights reserved.

For info, please visit https://www.isc.org/software/dhcp/

Listening on LPF/wlan0/00:12:fb:28:a9:51

Sending on LPF/wlan0/00:12:fb:28:a9:51

Sending on Socket/fallback

DHCPDISCOVER on wlan0 to 255.255.255.255 port 67 interval 8

DHCPDISCOVER on wlan0 to 255.255.255.255 port 67 interval 14

DHCPDISCOVER on wlan0 to 255.255.255.255 port 67 interval 14

DHCPREQUEST on wlan0 to 255.255.255.255 port 67

DHCPOFFER from 192.168.1.1

DHCPACK from 192.168.1.1

bound to 192.168.1.101 -- renewal in 2983 seconds.

現在 Pi 的 IP 位址為 192.168.1.101，並且也已連上無線網路（請記得您的 IP 位址可能與書上所列不同）。接著利用 ping 指令來檢查您是否可以連上任一網站，例如 Google：

pi@raspberrypi ~ $ ping -c 3 google.com

PING google.com （173.194.69.100） 56 （84） bytes of data.

64 bytes from google.com （173.194.69.100）：icmp_req=1 ttl=45 time=26.7 ms

64 bytes from google.com （173.194.69.100）：icmp_req=2 ttl=45 time=32.3 ms

64 bytes from google.com （173.194.69.100）：icmp_req=3 ttl=45 time=34.8 ms

--- google.com ping statistics ---

3 packets transmitted, 3 received, 0% packet loss, time 2002ms

rtt min/avg/max/mdev = 26.752/31.338/34.863/3.395 ms

如您所見，Pi 目前已使用 WiFi 連上網路了。接著執行以下的指令來取得訊號強度等資訊：

pi@raspberrypi ~ \$ iwconfig

lo　　　　no wireless extensions.

eth0　　　no wireless extensions.

wlan0　　IEEE 802.11abgn ESSID:"darknet"
　　　　　Mode:Managed Frequency:2.442 GHz Access Point:
　　　　　54:E6:FC:CF:77:8A
　　　　　Bit Rate=135 Mb/s Tx-Power=20 dBm
　　　　　Retry long limit:7 RTS thr:off Fragment thr:off
　　　　　Power Management:on
　　　　　Link Quality=40/70 Signal level=-70 dBm
　　　　　Rx invalid nwid:0 Rx invalid crypt:0 Rx invalid frag:0
　　　　　Tx excessive retries:1 Invalid misc:6 Missed beacon:0

請記得，像 Pi 這樣的電腦可擁有多組 IP 位址。舉例來說，如果您連接上乙太網路或 WiFi，您的開機畫面將顯示類似以下的訊息：

My IP address is 192.168.2.109 192.168.1.101

這代表您的 Pi 使用了兩組網路介面來連接網路，而兩組介面分別採用不同的 IP 位址。

6.6 下一階段

　　在本章中，您學到了如何將 Pi 連上網路。利用 SSH 來登入 Pi 真的很方便，您甚至可將 Pi 當作網路伺服器來使用。在下一章中，我們要玩一些截然不同的功能：將 Pi 變成一個多媒體娛樂中心。

7. 把 Pi 變成多媒體娛樂中心

　　由於 Pi 的尺寸小、低耗電量以及不錯的圖形處理能力，讓它有資格成為整合型多媒體中心，就像 PlayStation 或是 Apple TV。要將 Pi 變身成一個多媒體娛樂中心，您需要一套名為 XBMC[1] 的特殊軟體。

　　XBMC 是一個功能強大的播放軟體，它幾乎能將任何電腦變成一臺數位媒體娛樂中心，就連 Pi 也不例外。在本章中，您將會學到如何在 Pi 上執行 XBMC。

7.1 安裝 Raspbmc

　　XBMC 是一個相當大的軟體計劃，使得它的安裝與配置會有點難度。幸運的是在 Raspbmc[2] 團隊的努力下，在 Pi 上的這些東西都無須您親自動手。Raspbmc 是專門為 Pi 量身訂做的 Linux 版本，它只用來執行 XBMC 這套軟體。就跟往常一樣，將這個版本的映像檔複製到 SD 卡裡，然後再用這片 SD 卡來讓 Pi 開機。Raspbmc 會自動啟動 XBMC，而不是像先前一樣啟動終端機或桌面環境。

　　與 Pi 的其他 Linux 版本正好相反的是，Raspbmc 團隊不只提供了一個可用於 SD 卡的完整映像檔，他們也決定為其他主要的作業系統發布安裝程式。這個安裝程式會自動下載最新版本的 Raspbmc 並將它自動複製到 SD 卡裡。

---

1. http://xbmc.org/
2. http://www.raspbmc.com/

　　如果您是使用 Windows 作業系統的電腦來準備 Raspbmc 的 SD 卡，請下載安裝程式[3]，接著將其解壓縮到硬碟中，並且啟動名為 installer.exe 的程式。您會看到一個類似以下的視窗。

　　插入 SD 卡後選擇您的 SD 卡讀卡機，並點選安裝（Install）按鈕。安裝程式會下載最新版本的 Raspbmc，並且將它複製到 SD 卡裡。請注意，安裝程式會刪除 SD 卡上所有的舊資料！

　　搭配 Linux 與 Mac OS X 作業系統的 Raspbmc 安裝程式沒有華麗的使用者介面，但它使用起來依然是很容易。它是一個 Python 程式[4]，下載後，您可以透過終端機來執行它，如同以下的範例：

maik> sudo python install.py

《Raspbmc installer for Linux and Mac OS X

3　http://www.raspbmc.com/wiki/user/windows-installation/
4　http://svn.stmlabs.com/svn/raspbmc/testing/installers/python/install.py

http://raspbmc.com

Please ensure you've inserted your SD card, and press Enter to continue.

Enter the 'IDENTIFIER' of the device you would like imaged, from the following list:

#:	TYPE	NAME	SIZE	IDENTIFIER
1:	EFI		209.7 MB	disk0s1
2:	Apple_HFS	Macintosh HD	499.2 GB	disk0s2
3:	Apple_Boot	Recovery HD	650.0 MB	disk0s3
#:	TYPE	NAME	SIZE	IDENTIFIER
1: Windows_FAT_32			67.1 MB	disk1s1
2:	Linux_Swap		129.0 MB	disk1s2
3:	Linux		16.0 GB	disk1s3

→ **Enter your choice here (e.g. 'disk1s1'): disk1s1**

《 It is your own responsibility to ensure there is no data loss!Please backup your system before imaging

→ **Are you sure you want to install Raspbmc to '/dev/disk1s1'? [y/N] y**

《 Downloading, please be patient...

Downloaded 49.52 of 49.52 MiB (100.00%)

Unmounting the drive in preparation for writing...

Unmount of all volumes on disk1 was successful

Please wait while Raspbmc is installed to your SD card...

(This may take some time and no progress will be reported until it has finished.)

0+3022 records in

0+3022 records out

198000640 bytes transferred in 27.034211 secs (7324077 bytes/sec)

Installation complete.

Finalising SD card, please wait...

Disk /dev/rdisk1 ejected

Raspbmc is now ready to finish setup on your Pi, please insert the

SD card with an active internet connection

安裝程式顯示出您電腦上所有的磁碟機，其中包括了 SD 卡讀卡機。在前一個例子中，SD 卡包含了三個磁區，分別為 disk1s1、disk1s2 與 disk1s3，您電腦上的顯示結果應該會不太一樣。在此我們輸入第一個磁區的名稱——在這個例子中為 disk1s1——接著確認您想安裝 Raspbmc。請確認您沒選錯磁碟，因為安裝程式會刪除該磁碟中所有的舊資料！

在建立好一張可開機的 SD 卡後，將它插入 Pi 並且啟動電源。令人驚訝的是，Pi 不會馬上啟動 XBMC，而是啟動一個小型的 Linux 系統，接著才開始真正安裝 Raspbmc。首先，它將 SD 卡重組，並將新產生的分割磁區格式化。然後下載與安裝根檔案系統、系統核心，一些核心模組以及一些函式庫。重開機後，它會下載最新版的 XBMC 並安裝完成。

這些步驟都不需要使用者動手。根據您 SD 卡與網路連線的速度，以上步驟大概會用掉二十分鐘。因此您可以放心地去散個步，或是來一杯您最喜歡的熱飲。

7.2 第一次啟動 Raspbmc

安裝完成後，Raspbmc 會自動啟動 XBMC。它的主選單如以下所示：

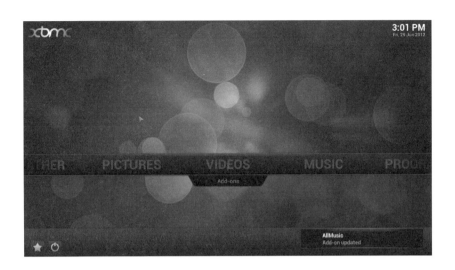

　　乍看之下，XBMC 與許多其他的播放器長得差不多。它一樣有觀看圖片、欣賞影片、播放音樂以及更改系統偏好設定等選項。這些功能您一看就知道怎麼用了——播放或觀看不同種類的檔案內容，您只要從 SD 卡或是 USB 硬碟裡選擇想看的媒體檔，XBMC 就會將它們播放出來。

　　為了將 USB 裝置（像是行動硬碟或是隨身碟）連接到 Pi 上，您必須使用 USB 分接器，或者您得先拔掉滑鼠並且使用鍵盤來控制 XBMC。原本是用滑鼠來點選某個選項，現在您可以利用游標鍵來移動，並使用「Return」鍵來選擇某個項目。「Escape」鍵則可回到選單的上一層。

　　不過 XBMC 不僅僅是一個普通的媒體播放器而已；您可以使用許多網路上免費的附加元件來改良它。簡單地說，附加元件讓您能存取網路上的媒體。舉例來說，您會發現可整理某電視臺內容的附加元件，或是能取得經典電玩遊戲配樂的附加元件。XBMC 甚至提供了非常便利的方式來管理這些附加元件。下圖是 TED 的附加元件，它列出了最新與最棒的 TED 座談會影片。

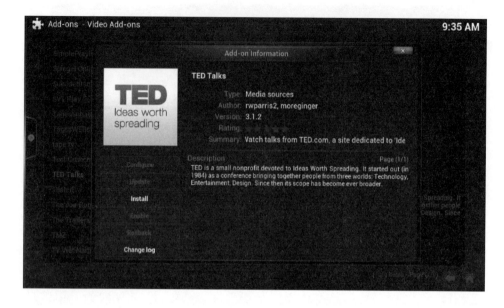

花幾分鐘的時間看看附加元件清單，尋找有沒有您感興趣的項目。不太確定的話，就安裝起來玩玩看。如果您最後不喜歡這個附加元件，要移除它也很簡單。要注意的是，大部分的附加元件會進行大量的資料串流，因此請確保您有足夠的網路頻寬。

取決於您的 SD 存取速度與網路速度，當您在選擇 XBMC 的功能選單時，可能會感到明顯的延遲。這問題在未來釋出的新版本可能會有所改善，但目前您可能必須要多點耐心將就使用目前的版本。但在播放媒體檔時並不會出現延遲或跳針的問題。

最後，您可能需要注意一下系統（Systems）> 設定（Settings）來確認您的設定是否符合您的本地設置。舉例來說，假設您要播放複合視訊，您必須將音訊輸出設置為類比輸出。設置方式為系統（Systems）> 設定（Settings）> 音訊（Audio）。

7.3 添加檔案到 XBMC

使用「Videos」或是「Music」選單裡的「Add Files」功能，您就能輕鬆地將電影、電視節目或是音樂加入 XBMC 裡。在動手加入媒體檔案前，您必須先知道 XBMC 內部是如何運作的。XBMC 絕不僅是一個普通的媒體播放器，它是一個完整的媒體庫，會盡可能自動地取得有關您輸入的媒體檔案的相關資訊。舉例來說，XBMC 會從網路資料庫中取得您最喜歡的電視節目的附加資訊，並將這些資訊加入媒體庫中。這些資料的內容包羅萬象，從影集的首映日期到劇情摘要等。能做到這樣，XBMC 靠的是某個檔案命名架構——您可以在該計畫的 wiki[5] 上閱讀相關資訊。請注意，選擇正確的檔名以及目錄結構甚至會影響到 XBMC 的主功能選單。舉例來說，如果您新增了一個「電視節目」目錄的話，XBMC 就會在主功能選單下加入一個「電視節目」子選單。因此如果想要充分發揮 XBMC 功能的話，您必須在匯入檔案之前將它們妥善地重新命名。

視訊與音樂的格式

　　XBMC 幾乎支援市面上所有的影音格式與解碼器。所以您很難找到 Pi 無法播放的多媒體檔案。然而還是有個問題：Raspberry 基金會取得的硬體加速授權只有 H.264 影音解碼器。幸好，它是市面上最受歡迎的影音解碼器之一，但是如果您的影音檔使用了不同的解碼器，除非您購買了它們的授權，否則您無法觀看這些檔案。您可以在網路上購買 MPEG-2 與 VC-1 的授權[a]。您必須提供 Pi 板子上的序號來取得授權碼，接著在 Raspbmc 的「Settings」選單輸入這組序號。

a　http://www.raspberrypi.com/license-keys/

　　在 XBMC 中加入檔案最簡單的方法就是直接把裝有媒體檔的 USB 隨身碟連接到 Pi。這個方法不錯，但仍然有一些缺點。USB 裝置通常

5　http://wiki.xbmc.org/index.php?title=Adding_videos_to_the_library/Naming_files

會比 Pi 本體來得大，而且耗電量也更大。而且，它至少得占用一個寶貴的 USB 接頭。比較好的方法是把媒體檔存在 SD 卡裡，或是從您的區域網路裡進行串流。由於 XBMC 的網路整合度相當高，所以您可以輕鬆使用這兩個方法。

XBMC 已支援了 FTP、SFTP、SSH、NFS，以及 Samba 等通訊協定，您無需設定太多東西就能開始執行它們。XBMC 預設就使用了 SSH，這樣就能使用 scp 將資料拷貝到 SD 卡，正如您在第 78 頁 6.2 節中所做的一樣。從您電腦的終端機執行以下指令，這會在 XBMC 的主目錄裡建立一個名為 Movie 的資料夾。

maik> ssh pi@192.168.2.109 "mkdir /home/pi/Movies"

請用您 Pi 的 IP 位址取代以上的 IP 位址。請注意， Raspbmc 也有一個名為 pi 的使用者帳號，密碼一樣是 raspberry。現在您可以使用 scp 來複製媒體檔，隨後將它們加入到 XBMC 的媒體庫。

maik> scp Pulp\ Fiction\ (1994).avi pi@192.168.2.109:Movies

即使您的 SD 卡空間很大，但要把它當作媒體庫來說還是不太夠。並且，每次在看影片或聽音樂之前都得先複製一次檔案，這種做法不太合理，這就是像 NFS 與 Samba 這樣的網路檔案系統存在的意義。而 XBMC 兩者都支援。

使用 NFS 或 Samba 後，就能以您的個人電腦來存放所有的媒體檔，當您需要使用到它們時，再將它們串流到 Pi。安裝 NFS [6] 或 Samba [7] 不在本書討論範圍內，但 XBMC wiki 網站已為所有的主要作業系統提供了

6　http://wiki.xbmc.org/index.php?title=NFS
7　http://wiki.xbmc.org/index.php?title=Samba

非常完整的說明文件。

一旦可由 NFS 或 Samba 來取得家庭網路中的媒體檔之後，您就能透過 XBMC 輕鬆地存取它們。使用 NFS 時，您通常不用做任何事即可使用，而 Samba 的使用者，您可以在 System > Service > SMB client 選單中來調整設定。

7.4 遙控 XBMC

如果把 Pi 放在客廳當成多媒體娛樂中心來用的話，您早晚會需要一個遙控器。透過紅外線發射器[8]，您可搭配一些特殊的裝置，但是最簡單的方法就是搭配您的智慧型手機。

XBMC 不只可透過附加元件來管理多媒體檔案，它還能安裝很漂亮的網路介面來遙控 XBMC。前往 System > Settings > Services > Webserver 選單，並且啟動「Allow control of XBMC via HTTP」選項。接著點擊「Web interface」按鈕並且選擇「Get More...」。圖 21 中，您可看到目前可使用的網路介面。將它們全都啟用來試用看看，然後選擇您最喜歡的那一個。

在啟動網路介面後，您可利用任何瀏覽器來存取該介面。此介面會監聽 8080 埠，所以您得在瀏覽器中輸入像是 http://192.168.2.109:8080 的 URL，這樣才能打開 XBMC 的網路介面（請記得用您 Pi 的 IP 位址取代以上的 IP 位址）。

舉例來說，在圖 22 中，您可以看到執行中的 AWXI 網路介面。它有所有常用的按鈕，像是播放（Play）、暫停（pause）與停止（Stop），並且它也可讓您在媒體庫中進行搜尋。

如果您有 iPad/iPhone[9] 或是 Android 手機[10]，您可以安裝一個 App

---

8 http://www.raspbmc.com/wiki/user/configuring-remotes/

9 http://itunes.apple.com/gb/app/official-xbmc-remote/id520480364

10 https://play.google.com/store/apps/details?id=org.xbmc.android.remote

來遙控 XBMC。在圖 23 與圖 24 中，您可以看到 Android 版本的應用程
式。它不只外觀漂亮，也能輕鬆使用所有的 XBMC 功能。在很多網路
評論中，這種遙控方式要比使用傳統的電視遙控器來得更棒。

圖 21　XBMC 附帶的網路介面

圖 22　執行中的 AWXI 網路介面

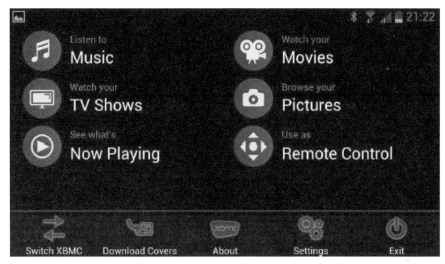

圖 23　在 Android 裝置上控制 XBMC

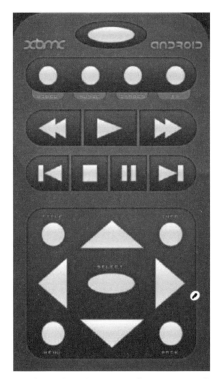

圖 24　它的外觀與運作方式像一般的遙控器

7.5 下一階段

　　本章中您學到了用 Pi 來做一些完全不同的事情，您首次不把 Pi 當作一般電腦使用，而是將它變成一臺特殊功能的裝置──多媒體娛樂中心。在下一章中，您將會學到如何在 Pi 上執行更多的多媒體應用程式，還可以玩一些好玩的遊戲。

8. 在 Pi 上玩遊戲

　　Linux 一直不是個熱門的遊戲平臺。雖然近幾年來情況有些改善，但如果要期待第一個經典巨作的話，應該還有得等。儘管如此，您還是可以在 Pi 上玩一些有趣、甚至會令人上癮的遊戲。

　　舉例來說，有上千個文字冒險遊戲可以在 Pi 上面玩。雖然在商言商的發行商早已放棄這種類型的遊戲，但仍有一個活躍、熱血的粉絲基地時常發表新款遊戲。如果您還沒有玩過像 Zork 這樣的經典遊戲，您一定要找機會去玩看看。

　　另一種經典的遊戲類型是點擊冒險（point-and-click adventure）遊戲，它所包括的遊戲像是猴島小英雄（The Secret of Monkey Island）以及觸手也瘋狂（Day of the Tentacle）。您之所以能在 Pi 上面玩這些遊戲，一切都要歸功於開放原始碼社群的努力。

　　即便 Pi 不足以執行時下的遊戲，但它仍可執行一些像是雷神之鎚 III（Quake III）這樣的 Linux 原生遊戲。它甚至有足夠的能力來模擬一些早期的家用電腦與遊戲機臺。舉例來說，您可以在 Pi 上玩所有為 Atari VCS 2600 遊戲機製作的遊戲。

8.1 玩互動虛構小說

　　在第一次家用電腦的時代，文字冒險遊戲是非常流行的。與有著壯觀 3D 動畫與環繞音效的時下遊戲相比，文字冒險遊戲看起來非常簡陋。它們只會顯示文字，您是藉由在鍵盤上輸入指令來進行遊戲。

在這裡您可以看到最有名的文字冒險遊戲之一，Zork 的開場白。

《 ZORK I: The Great Underground Empire

Copyright (c) 1981, 1982, 1983 Infocom, Inc. All rights reserved.

ZORK is a registered trademark of Infocom, Inc.

Revision 88 / Serial number 840726

West of House

You are standing in an open field west of a white house, with a

boarded front door.

There is a small mailbox here.

→ >open mailbox

《Opening the small mailbox reveals a leaflet.

→ >take leaflet

《 Taken.

→ >read leaflet

《 "WELCOME TO ZORK!

ZORK is a game of adventure, danger, and low cunning. In it you will

explore some of the most amazing territory

ever seen by mortals. No computer should be without one!"

不要被它的外觀所誤導了，這些遊戲的故事幾乎都很棒，它可以
讓您消磨幾個小時的悠閒時光。

即使十幾年來都沒有商業性質的文字冒險遊戲發表，但此種遊戲
類型仍有一個活躍的社群，並持續製作引人入勝的遊戲。這些遊戲大

都是講著精心雕琢的長篇故事，所以作者喜歡將他們的創作稱為互動虛構小說（interactive fiction）。

　　Infocom 是首批製作互動虛構小說公司的其中一員。數年來它發表了數個有史以來最棒的文字冒險遊戲。Infocom 的開發者很早就了解到，藉由創作出一種特定領域語言（domain-specific language）來建構互動虛構小說，可以降低他們的工作量。他們將這種語言稱作 Z-language，今日互動虛構小說的作者仍然使用它來創作遊戲。

　　您需要一個名為 Z-machine [1] 的模擬器軟體，才能執行 Z-language 所編寫的程式，最好的模擬器軟體之一是 Frotz [2]。請用以下的方式安裝它：

pi@raspberrypi ~ $ sudo apt-get install frotz

　　您只要找到某個文字冒險遊戲遊戲的 Z-language 檔，就能使用 Frotz 來玩它。Interactive Fiction Archive [3] 是一個可以著手搜尋互動虛構小說的好地方，這裡有上千種的遊戲。

　　如果您是互動虛構小說新手，那麼一定要從 Zork 三部曲開始您的冒險之旅。儘管是幾十年前的老遊戲了，但它們給玩家有一種歷久彌新的感覺，Infocom 也因為推出這套系列遊戲而聲名大噪。同時，這系列的遊戲是免費的 [4]，所以請下載 Zork I [5]，並且以下列的方式開始遊戲：

pi@raspberrypi ~ $ unzip zork1.zip
pi@raspberrypi ~ $ frotz zork1/DATA/ZORK1.DAT

1　http://en.wikipedia.org/wiki/Z-machine
2　http://frotz.sourceforge.net/
3　http://www.ifarchive.org/
4　http://www.infocom-if.org/downloads/downloads.html
5　http://www.infocom-if.org/downloads/zork1.zip

這樣就可以呼叫 Z-machine 解譯器，並執行儲存在 ZORK1.DAT 裡的遊戲。您可能需要一點時間習慣這種遊戲[6]，但這是絕對值得的。

如果您愛上了玩互動虛構小說，也許您也會喜歡上用現今的開發工具來自行創作。這真的非常容易[7]，至少就技術層面來看是這樣，但是您仍需要一個美妙的原創故事。

8.2 玩點擊冒險遊戲

另一個歷久不衰的熱門遊戲類型是點擊冒險遊戲。在這些遊戲中，您可以用滑鼠控制遊戲主角，藉由點擊螢幕上的某個地方，就能讓角色移動到指定的地方。熱門的點擊冒險遊戲有：猴島小英雄（The Secret of Monkey Island）、觸手也瘋狂（Day of the Tentacle）以及瘋狂大樓（Maniac Mansion）。

對於新的點擊冒險遊戲的需求從來沒有間斷過，但是過去幾年來問世的新遊戲非常少。大公司對於點擊冒險遊戲的市場接受度不太有信心，反而發行數不盡的第一人稱射擊遊戲，像是決勝時刻（Call of Duty）或戰地風雲（Battlefield）。

Tim Schafer，猴島小英雄這款遊戲的創作人之一，對這種情況感到非常沮喪，他試著在 Kickstarter.com 這個集資網站為新的點擊冒險遊戲募集資金。最後他募得的資金超過三百三十萬美元，這證明了大眾對於這類型的遊戲還是非常有興趣。

在我寫作本書的同時，Tim 所開發的新遊戲還沒有問世，但幸運的是，您還是可以玩到許多經典的遊戲。與文字冒險遊戲相類似，大部分的點擊冒險遊戲都是在模擬器軟體上運作的。最受歡迎的模擬器是 SCUMM，它是 Script Creation Utility for Maniac Mansion（為了瘋狂大樓而做的劇本創作工具）的縮寫。

---

6 http://pr-if.org/doc/play-if-card/play-if-card.html 這裡有不錯的輔助表單。

7 http://inform7.com/

這個模擬器原本是 Lucasfilm 的遊戲開發部門 LucasArts 的開發者為了執行瘋狂大樓這款遊戲所創作的，自此之後，他們就把它拿來應用在其他許多遊戲的執行上。

ScummVM [8] 專案打造了一套模擬器軟體，它可順利執行眾多SCUMM 遊戲，並能免費取得。您可以按照以下的方式安裝。

pi@raspberrypi ~ $ sudo apt-get install scummvm

pi@raspberrypi ~ $ sudo apt-get install beneath-a-steel-sky

pi@raspberrypi ~ $ sudo apt-get install flight-of-the-amazon-
queen

以上的指令不只會把 ScummVM 安裝好，還附帶了兩個很棒的遊戲讓您可以立刻開始玩。這些遊戲會出現在您電腦桌面的「開始（Start）」選單裡的「遊樂場（Games）」中。在圖 25 中，您可以看見鋼鐵天空下（Beneath a Steel Sky）這款遊戲的畫面。

圖 25　鋼鐵天空下仍是一款非常棒的遊戲

8 http://www.scummvm.org/

　　鋼鐵天空下（Beneath a Steel Sky）與飛行的亞馬遜女王（Flight of the Amazon Queen）這兩款遊戲都是免費軟體，所以您可以放心地安裝它們。其他遊戲大部分都無法免費取得，所以除非您擁有原版軟體才能安裝這些遊戲。如果您還有其他相容於 ScummVM 的遊戲，您可以直接啟動 ScummVM 並且將它們新增進去。

8.3 模擬其他平臺

　　想要在 Pi 上玩一些好玩的遊戲有另外一種方法，就是模擬其他平臺。許多模擬器都適用於 Linux 作業系統，像 Commodore 64、Sega 的 Mega-Drive、任天堂紅白機（Nintendo Entertainment System）等這些經典的家用電腦與遊戲機，模擬器都可以讓它們復活。對於早期的單機遊戲來說，您至少可找到一種模擬器軟體來玩。

　　模擬器是以軟體來重組某種電腦或是遊戲機的硬體。所以當您在 Pi 上執行模擬器時，您就能使用模擬系統達到就像是使用原本的硬體一樣。更重要的是，您可以執行所有只能在舊系統上執行的軟體與遊戲。

　　要完整模擬一臺電腦是非常困難的，哪怕是很簡易的系統也一樣，大部分的模擬器都會碰到兩個大問題：第一個問題是精確度，通常模擬器無法百分之百地完全模擬原始的系統。第二個問題是效能，因為即便是模擬非常老式且慢吞吞的硬體，也需要極大量的資源。舉例來說，Commodore 64 的執行時脈只有 1MHz，但是您還是得用掉許多力氣來模擬它。眼下 Pi 的可用資源雖然是 Commodore 64 的好幾倍，但 Pi 的硬體還是無法以可接受的畫面更新率來模擬 Commodore 64。這個狀況也許可以藉由幫 Pi 替換更好的圖像驅動程式（graphics drivers）來解決。

　　儘管如此，Pi 還是能模仿一些很酷的遊戲機，例如 Atari VCS 2600 [9] 就是其中之一。這款裝置從 1977 年開始到 90 年代初期都非常流行，許多經典遊戲都可以在這臺家庭遊戲機上玩得到，像是小精靈（Pac-Man）、

---

9 http://en.wikipedia.org/wiki/Atari_2600

蟲蟲入侵（Centipede）、迷途探險（Pitfall）等。因為這款遊戲機是如此熱門，所以有很多模擬器都是為它而產生的，這些模擬器中最好的其中一種是 Stella [10]。您可以按照以下的方式安裝並啟動 Stella：

pi@raspberrypi ~ $ sudo apt-get install stella
pi@raspberrypi ~ $ stella

　　啟動後，Stella 會先問您哪裡可以找到遊戲的「ROMs」，VCS 2600 的遊戲是以卡匣的方式販售，每款遊戲卡匣內含幾千位元組（KB）的唯讀記憶體（ROM）。使用模擬器 Stella 來玩遊戲時，您先需要有遊戲卡匣 ROM 的拷貝檔。您得使用某些特殊裝置才能將遊戲卡匣的內容拷貝到電腦裡。幸運的是，在網路上已經可以找到所有遊戲的 ROM 檔 [11]。但這裡還有個很大的問題：雖然 VCS 2600 的遊戲大部分都很舊了，不過這些遊戲仍然是受到智慧財產權的保護。所以在大多數的國家裡下載以及使用這些不屬於您的遊戲 ROM 檔是違法的！

　　您只要花點錢就能在網路上買到二手遊戲卡匣，而一些遊戲商仍在販售 Atari 遊戲精選輯的光碟。這些精選輯光碟就是用模擬器來執行原本的 ROM 檔。

　　ROM 檔案的大小通常介於 4KB 至 8KB 之間，檔名則以 .bin 的副檔名結尾。所以遊戲小精靈（Pac-Man）的 ROM 檔就是 pacman.bin。如果您已經將一個 ROM 檔拷貝至 Pi 上，您就可以在 Stella 的主選單裡找到它，點選之後遊戲就會立即啟動。在原始設定中，您可以使用方向鍵來移動與空白鍵來進行確認或執行某些動作。Stella 允許使用者重新設置所有按鍵，另外還支援搖桿。最重要的是，雖然您可以調整許多影音選項，但請注意，在最高影像品質的模式中，Pi 將無法正確地模擬 VCS 2600 遊戲機。

10　http://stella.sourceforge.net/
11　http://atariage.com/

當玩著這些經典遊戲時，也許會讓人想起那溫暖又模糊的兒時記憶，而 VCS 2600 有一個非常活躍的使用者團體，他們還不斷在製作 VCS 2600 的遊戲[12]。這些自製軟體遊戲有許多在視覺與音效上的表現甚至要比大多數的原版遊戲要來得好很多，而且它們通常可免費取得。舉例來說，在圖 26 中，您可以看到「A-VCS-tec Challenge」這款遊戲[13]。直到今日，一些這種自製遊戲卡匣依然可以在市面上買得到。

圖 26   許多人持續為 VCS 2600 製作各種遊戲

順道一提，為 VCS 2600 開發遊戲或展示程式是非常困難的，但是您可以從中學到很多東西，而且很有趣！大多數的人很難想像硬體的限制究竟能造成多大的困擾。VCS2600 的時脈只有 1.19MHz，RAM 只有 128 位元組，呈現影像甚至連個畫面暫存區（frame buffer）也沒有。在上世紀要為這種機器開發軟體真是件苦差事，但是到了現代，托工具與說明文件的福，讓軟體的開發變得容易多了。舉例來說，Stella 內建有除錯工具（debugger），讓您可在遊戲執行時來檢視甚至直接修改遊戲的狀態。要打開除錯工具，請用以下方式啟動 Stella：

12 http://en.wikipedia.org/wiki/Atari_2600_homebrew
13 http://www.quernhorst.de/atari/ac.html

pi@raspberrypi ~ $ stella -debug

按下反引號鍵「`」就可以呼叫出偵錯器，如果您在鍵盤上找不到這個鍵時，別忘了您可以自由地將 Stella 的動作對應到任何按鍵。在圖 27 中，您可以看見運作中的除錯工具。

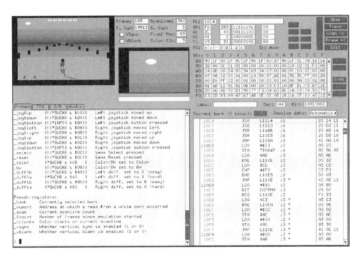

圖 27　Stella 有一個威力很強的除錯工具

總而言之，Stella 之所以在 Pi 上運作得非常好，是因為 VCS 2600 並不是一個非常強大的機器。至於其他系統的模擬器目前就運作得不太順，舉例來說，Commodore 64 的模擬器 Vice [14] 理論上可以在 Pi 上運作，不過畫面更新率低到大部分的遊戲都沒辦法玩。同樣的狀況也發生在像 MAME [15] 這樣的街機模擬器上，但是這種狀況可能很快就會改變。到了那個時候，您就可以著手開發您自己的 VCS 2600 遊戲了。

8.4 玩原生遊戲

在前面的段落中，您已經學過使用虛擬機與模擬器等技術幫您

---

14 http://vice-emu.sourceforge.net/
15 http://mamedev.org/

執行遊戲，然而還是有針對 Linux 開發的原生遊戲。舉例來說，在 LXDE 桌面上，您就能找到一些以 Python 程式語言所撰寫的經典遊戲選輯——四連棋（Four in a Row）、貪食蛇（Snake）等。

　　因為 Pi 就是個正規的 Linux 作業系統，所以只要 Pi 有足夠的資源，您便可以執行每一個與您目前作業系統版本相容的遊戲。如果想在網路上找像是俄羅斯方塊或是小精靈這樣的經典遊戲，您很快就能找到相當不錯的類似版本。

pi@raspberrypi ~ $ sudo apt-get install ltris pacman

　　把找到的所有遊戲都裝起來玩玩看是絕對值得一試的，不過許多遊戲的執行條件對 Pi 來說都太高了。舉例來說，像是彈珠檯（pinball）與企鵝滑雪（extremetuxracer）這兩款遊戲就無法在 Pi 上執行。

　　令人驚訝的是，Pi 居然有能力以不錯的畫面更新率來執行雷神之鎚 II（Quake II）與雷神之鎚 III（Quake III）這兩款第一人稱的射擊遊戲。在我寫作這本書的時候，這兩款遊戲還有一些聲音輸出方面的問題，然而它們還是非常值得一玩。所以請持續尋找新的針對 Pi 所創作的遊戲。

8.5 下一階段

　　在本章中，您學會了如何在 Pi 上玩些經典老遊戲來殺時間。Pi 也許不是 Xbox 或 PlayStation，但一些在 Pi 上運作的遊戲是您在最新的電視遊樂器上找不到的。在下一章中，您會面對到完全不同的主題。您將會學習如何在 Pi 的 GPIO 針腳上建置並加裝各種電子專題。

9. 以 GPIO 針腳進行修修補補

　　樹莓派基金會（Raspberry Pi Foundation）之所以打造 Pi 這塊單板電腦，其目的不只是教導小孩子如何撰寫程式，同時也教導他們如何利用電子元件進行修修補補的工作。這就是 Pi 之所以有個擴充接頭的原因，有了這個接頭後，要將 Pi 連接到您自己的電子專題就變得容易多了。

　　在這個章節中，您將學習如何製作您自己的小型電子裝置，以及利用 Pi 來控制這些裝置。一開始的學習腳步會比較緩慢，您會先試著建構出一個讓 LED（light-emitting diode）閃爍的基本電路。挑戰成功後，再試著利用 Pi 的擴充接頭來控制 LED，也就是經由 Pi 發出指令讓 LED 亮起來或是熄滅。

　　接著再製作一臺可以顯示出您 Pi 上的記憶體容量的記憶體警示裝置。它的運作方式類似紅綠燈這種交通號誌，當紅燈亮起時就代表剩下的記憶體容量已經低於警戒水位了。此外，您將學會讓記憶體警示結果顯示在網路瀏覽器上。

9.1 您需要用到的材料

　　要完成本章內的所有專題，您只需要一些便宜的零件（在圖 28 中可以看見所有的零件）。

　　・迷你麵包板（breadboard）

- 三顆 5mm 的 LED（紅、黃、綠）
- 三個電阻（resistor），範圍在 220Ω 到 1kΩ 之間
- 四條母 / 公跳線（jumper wire）

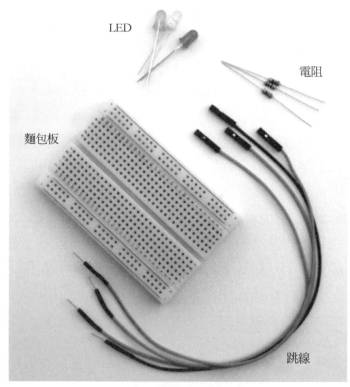

LED

電阻

麵包板

跳線

圖 28　您要用到的零件

　　您可以在任何電子材料商店買到這些零件，例如：RadioShack [1]、
sparkfun [2]、Mouser [3]、Digi-Key [4] 與 Adafruit [5]。但請注意，LED、電阻或
是跳線若是只買單顆有點奇怪，因為如果以整包零件的方式購買會

1　http://radioshack.com
2　http://www.sparkfun.com/
3　http://mouser.com
4　http://digikey.com
5　http://adafruit.com

便宜很多。舉例來說，RadioShack 有販售整包的 LED（目錄號碼 276-1622）與電阻（目錄號碼 271-308）。Adafruit 有販售不錯的跳線包（jumper wire）以及麵包板（breadboard）。

9.2 認識 Pi 的 GPIO 針腳

要將您自己的電子專題連接至 Pi 上，您可以利用 Pi 上緣左邊的擴充接頭（請參考 18 頁的圖 1）。這個擴充接頭包含了兩排針腳，一排各有 13 隻針腳，兩排總計有 26 隻針腳。上排的針腳包含了編號為偶數的針腳，下排的針腳包含了編號為奇數的針腳。也就是說，底下那排的第一隻針腳是 1 號針腳，所以您可以發現那隻針腳下有標示「P1」在 Pi 上。

在圖 29 中，您可以看見每隻針腳的編號與定義。以 6 號針腳來說，這隻針腳可以分享共同接地給您的電子專題。而使用 1 號針腳與 2 號針腳可以讓您對外部裝置提供電力，連接至 1 號針腳可得到 3.3V 的電力，連接到 2 號針腳可得到 5V 的電力。Pi 會限制 1 號針腳的電流輸出最高到 50mA，而 2 號針腳所允許的輸出電流全依憑 USB 的輸入電流而定，舉例來說，假若您以 1A 的電源供應器對 Pi 提供電源，那麼您最高可以從 2 號針腳汲取 300mA 的電流，因為 Model B 的 Pi 自己就會用掉 700mA 的電流。

	5V	-	Ground	GPIO14	GPIO15	GPIO18	-	GPIO23	GPIO24	-	GPIO25	GPIO8	GPIO7
	↑	↑	↑	↑	↑	↑	↑	↑	↑	↑	↑	↑	↑
Pin	2	4	6	8	10	12	14	16	18	20	22	24	26
Pin	1	3	5	7	9	11	13	15	17	19	21	23	25
	↓	↓	↓	↓	↓	↓	↓	↓	↓	↓	↓	↓	↓
	3v3	GPIO0	GPIO1	GPIO4	-	GPIO17	GPIO21	GPIO22	-	GPIO10	GPIO9	GPIO11	-

圖 29　Pi 的 GPIO 針腳配置

4 號、9 號、14 號、17 號、20 號與 25 號針腳是留作將來的擴充功能之用，所以您無法在自己的專題裡使用到它們，剩下的針腳則作為一般用途的輸入輸出針腳，這些針腳您可以當作數位輸入或輸出的針腳。要注意的是，GPIO 針腳的編碼並不等同於擴充接頭針腳的編碼。

舉例來說，您可以使用 GPIO 的針腳來讀取按鈕的狀態或是控制 LED 亮滅。對於本章的範例來說，您可以假設所有的 GPIO 針腳的功能都是相同的，但是您必須知道有一些 Pi 的針腳是很特別的，例如 12 號針腳，這隻針腳可支援脈衝寬度調變[6]（PWM，Pulse Width Modulation），它對於控制馬達來說可是很方便的。如果您想製作更加複雜的專題的話，您應該要更仔細地研究 Pi 針腳的說明文件[7]。

9.3 製作一個基本電路

先來暖個身吧，您將要製作一個可說是最基本的電路。這個電路是把一顆 LED 連接到 Pi 上，並且只要 Pi 還在運作的時候，LED 就會一直亮著。要建構這個電路，您需要一顆 LED，一個電阻，一塊麵包板以及兩條母 / 公跳線。利用這些零件您就可以建構出如圖 30 所示的電路。

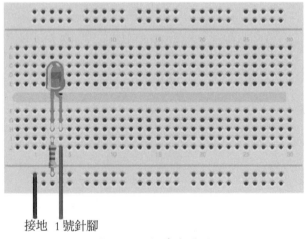

接地　1 號針腳

圖 30　一個基本電路

6　http://en.wikipedia.org/wiki/Pulse_width_modulation
7　http://elinux.org/RPi_Low-level_peripherals

　　在實際建構出這個電路之前，您應該知道這些所有零件所負責的工作以及它們是怎麼運作的。麵包板（breadboard）是製作電路原型時非常有用的工具，像 LED 與電阻這樣的零件，您只要將它們插入麵包板上就可以了，並不需要使用到焊接工具。麵包板有不同的尺寸，但它們看起來都非常相似。在這些板子上您會發現許多一行一行排好的插口，而大部分的麵包板都在板子最上方與最下方各有兩排插口。

　　麵包板的主要功能是將屬於某一行或是某一排的插口彼此自動地串聯在一起。您將 Pi 的接地針腳連接至麵包板倒數第二排的插口上，如同圖 30 中的基本電路所示。這樣就能將這排上的所有插口連接到 Pi 的接地。同樣的情況也可套用在連接至 LED 的兩行插口上。我們使用一個電阻來將 LED 的一隻接腳與 Pi 的接地針腳串聯起來。此外，藉由將 Pi 的 1 號針腳與 LED 的另一隻接腳插在同一行的插口上就可以把兩者直接串連起來。

　　順道一提，LED 的全名是發光二極體，所以它基本上是一個二極體。二極體是一種非常有用的電子零件，因為它能限制電流只能往一個方向流動。這種特性也同樣可以在 LED 上看到，除此之外，LED 之所以能發光，是因為電流流過 LED 所產生的副作用。

　　LED 在使用上並不困難，但是您必須注意幾件事。首先，LED 必須以正確的方式連接，因為 LED 有兩條接腳，其中一條較另一條來得短。較短的那條接腳為陰極（負極），必須將它連接到 Pi 的接地針腳。較長的那條接腳為陽極（正極），必須將它連接到 Pi 的電源供應或是 GPIO 針腳。也可以藉由察看 LED 的外部圓罩辨識出陰極與陽極，位於扁平那側的接腳為陰極，位於圓弧那側的接腳為陽極。在圖 30 中可以看見陽極接腳是有點彎曲的。

　　其次，LED 在接電源時一定要加上一個限流電阻，如果不這樣做的話，LED 會因為耗電過多而燒毀。簡單地說，電阻會限制的電流總量，進而保護 LED。計算某種類型 LED 所需的電阻值並不太困難，但這並不在本書描述的範圍內。您只要記得，電阻值愈低，LED 就愈亮。如果您不確定要使用哪種電阻，可以使用 330Ω 或 470Ω 的電阻準沒錯。

現在是開始實際製作電路的時候了。第一步先將 LED 插到麵包板上，插入前要先確認 LED 的方向是正確的。將 LED 的接腳插入麵包板時要用點力，但又不能用力過度，否則接腳會被折彎，這樣就很難插入了。一般的作法是將接腳剪短一點，這樣比較容易插入麵包板。在剪短接腳時，請戴上護目鏡好保護自己的眼睛！

接著是處理電阻，而這次就不用考慮方向的問題了。在將電阻插入麵包板前，要先把電阻的兩個接腳折彎。同樣地，把接腳剪短一點有助於後續的安裝工作。

最後，拿兩條跳線把 Pi 和麵包板連結起來。將跳線的母接頭連結到 Pi 上，公接頭則連結到麵包板上。確認自己在 Pi 上所使用的針腳是正確的之後，就將 Pi 的電源開啟。假若每個連結都正確無誤的話，LED 就會在開啟電源的同時亮起來。如果 LED 沒有亮起來的話，請參考 9.7 節〈萬一裝置無法運作時怎麼辦？〉。

9.4 使用 GPIO 針腳來控制 LED

讓 LED 一直亮著是一個不錯的練習，缺點是，它很快就會讓人感到無聊。在本節中，您將學會如何運用軟體來控制 LED——您將經由 Pi 發出指令點亮與熄滅 LED。

透過程式要直接控制硬體是一件困難的任務，但只要懂得利用 WiringPi 計畫[8]，這個任務就變得易如反掌。WiringPi 是一個開放原始碼計畫，它把可怕的低階控制函式藏在一個好看又乾淨的介面背後。如果您之前曾使用過熱門的 Arduino 計畫[9]，就會覺得 WiringPi 很熟悉，

8　https://projects.drogon.net/raspberry-pi/wiringpi/

9　http://arduino.cc

因為它試著將 Arduino 所有的好東西應用在 Pi 上。WiringPi 不但能讓編寫控制 Pi 硬體更容易，而且它還有一個名為 gpio 的小命令列工具，有了這個工具就可以控制硬體而不用撰寫程式碼。

您可以按照以下的方式將 WiringPi 安裝在 Pi 上：

```
pi@raspberry:~$ cd /tmp
pi@raspberry:~$ wget http://project-downloads.drogon.net/
                files/wiringPi.tgz
pi@raspberry:~$ tar xfz wiringPi.tgz
pi@raspberry:~$ cd wiringPi/wiringPi
pi@raspberry:~$ make
pi@raspberry:~$ sudo make install
pi@raspberry:~$ cd ../gpio
pi@raspberry:~$ make
pi@raspberry:~$ sudo make install
```

執行這些命令後 WiringPi 函式庫與 gpio 命令列便安裝好了。您可以在 WiringPi 中使用數種程式語言，例如 C、C++、Python 與 Ruby 等。在本章中，您只會從命令列以及一個簡潔有力的 shell script 來使用它。

在第一個互動電子實驗當中，您唯一需要的是 gpio 命令。它支援許多有用的選項以及威力強大的指令。最重要的有：mode、read 與 write。舉例來說，以下的指令會把 GPIO 的針腳 18 設定成輸出模式：

```
pi@raspberry:~$ gpio -g mode 18 out
```

所有 GPIO 針腳都能設定成以下的模式：in、out、pwm、up、down 或 tri。現在我們只對 in 與 out 這兩種模式有興趣。當把 GPIO 針

腳設定成 in 模式時，就可以從 GPIO 針腳讀取數位訊號；如果您想從
GPIO 針腳發出數位訊號，則可把 GPIO 針腳設定成 out 模式。針腳的
模式一旦設定好後就不會改變，除非您再次變更新的模式。

　　將 GPIO 針腳 18 設定成 out 模式後，可以用以下的方法將它啟動：

pi@raspberry:~$ gpio -g write 18 1

將它關閉的方法也類似：

pi@raspberry:~$ gpio -g write 18 0

最後，您可以使用 read 指令來讀取 GPIO18 針腳目前的狀態：

pi@raspberry:~$ gpio -g read 18
0

　　如果目前沒有訊號，這個指令會回傳 0，否則就回傳 1。

　　有了 gpio，就能輕鬆地控制麵包板上的 LED。您只要將 LED 連
接到 Pi 的其中一隻 GPIO 針腳上，而不用將它直接連接到供應電源的
針腳。舉例來說，您可以使用 GPIO18，也就是在第 127 頁圖 29 中所
提到的 12 號針腳。因為不同的命名與編號方式，會讓您在選擇以及稱
呼正確的針腳時感到困惑。在原始設定下，WiringPi 使用它自己的編
號方式，但是對於您的第一個實驗，您應該使用「官方的」GPIO 針
腳名稱。很幸運的，當您將 -g 的選項傳給 gpio 指令時，它能正確地接
受這些針腳編號 [10]。

10　https://projects.drogon.net/raspberry-pi/wiringpi/pins/

　　所以，請將您電路中的跳線從 1 號針腳拔起，轉而連接到 12 號針腳。然後執行以下的指令：

pi@raspberry:~$ gpio -g mode 18 out
pi@raspberry:~$ gpio -g write 18 1

這些指令會點亮 LED，而以下的指令則會讓 LED 熄滅：

pi@raspberry:~$ gpio -g write 18 0

　　gpio 支援更多的指令與選項，讀一讀它的操作手冊是絕對值得的。例如，您可使用 readall 指令來讀取 Pi 上所有 GPIO 針腳的狀態：

pi@raspberry:~$ gpio readall

wiringPi	GPIO	Name	Value
0	17	GPIO 0	Low
1	18	GPIO 1	Low
2	27	GPIO 2	Low
3	22	GPIO 3	Low
4	23	GPIO 4	Low
5	24	GPIO 5	Low
6	25	GPIO 6	Low
7	4	GPIO 7	Low
8	2	SDA	Low
9	3	SCL	Low

```
|    9     |    3    |  SCL  | Low  |
|    0     |   17    |GPIO 0| Low  |
|   10     |    8    |  CE0  | Low  |
|   11     |    7    |  CE1  | Low  |
|   12     |   10    | MOSI  | Low  |
|   13     |    9    | MISO  | Low  |
|   14     |   11    | SCLK  | Low  |
|   15     |   14    |  TxD  | High |
|   16     |   15    |  RxD  | High |
+----------+---------+---------+--------+
|   17     |   28    |GPIO 8 | Low  |
|   18     |   29    |GPIO 9 | Low  |
|   19     |   30    |GPIO10 | Low  |
|   20     |   31    |GPIO11 | Low  |
+----------+---------+---------+--------+
```

只用一些零件以及一個命令列工具，您就完成了第一個電路了。更棒的是，您是用 Raspberry Pi 來控制它！在下一節中，您將使用您到目前為止所學到的技術來製作一個更複雜的專題。

9.5 製作一臺「記憶體快用光」的警示設備

用軟體控制 LED 亮熄是個重要的練習，但它當然不是個非常有用的專題。一般的情況下，您不會手動控制 LED，而是將它當作狀態指示器。舉例來說，許多 USB 裝置利用 LED 來顯示當下正在讀取或是寫入資料。

在這一節中，您將使用 3 顆 LED 來當作 Pi 目前記憶體用量的狀態指示器。這 3 顆 LED 跟交通號誌紅綠燈一樣有著紅、黃、綠三種顏色。

如果 Pi 的記憶體容量已經低於下限，紅燈就會亮起；如果記憶體容量還剩很多，綠燈就會亮起；如果記憶體容量不多不少，亮起的就會是黃燈。

在以下的圖片中，您看到的是記憶體容量警示裝置的電路。

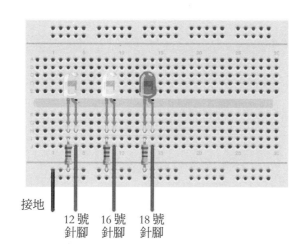

接地　　12 號　16 號　18 號
　　　　針腳　針腳　針腳

在以下的圖片裡，您看到的是所有零件組合起來的成品。它和您之前所製做建構的電路非常類似。您只要再複製兩次先前的 LED 電路，就可以控制 3 顆 LED。

為了能讓電路做些有用的事，您必須撰寫一些軟體程式。有非常多的程式語言可供您選擇，但幸好有 gpio 指令，您只要用簡單的 shell script 就能完成本專題的軟體程式。以下的指令定義了一些常數與函式。它們也完成了一些初始化工作。

gpio/memwatch.sh

```bash
Line 1  #!/bin/bash
     -  green=18
     -  yellow=23
     -  red=24
     5
     -  init_leds()
     -  {
     -      for i in $green $yellow $red
     -      do
    10          gpio -g mode $i out
     -          gpio -g write $i 0
     -      done
     -  }
     -
    15  set_led()
     -  {
     -      led_status=`gpio -g read $1`
     -      if [ "$led_status" -ne 1 ]
     -      then
    20          init_leds
     -          gpio -g write $1 1
     -      fi
```

```
-    }
-
25  cleanup()
-    {
-        init_leds
-        exit 0
-    }
30
-    init_leds
-    trap cleanup INT TERM EXIT
```

　　程式碼的前三行定義了三個常數代表了連接三顆 LED 的 GPIO 針
腳。請注意，常數裡的阿拉伯數字分別對照名為 GPIO18、GPIO23 以
及 GPIO24 的針腳，而非對應到擴充接頭的 12 號、16 號以及 18 號針腳。

　　在第六行開始的 init_led() 函式中，將三顆 LED 的模式全都設定成
輸出，並將 LED 熄滅。到了 set_led() 函式中，點亮某顆 LED 並且熄
滅其他兩顆 LED，然而，它在點亮 LED 前會先確認這顆 LED 是否已
經點亮。這個動作在確認目前狀況不變的情況下不會讓該顆 LED 閃
爍。最後，cleanup() 函式會熄滅所有的 LED 並且結束程式。

　　為了將程式初始化，您必須呼叫 init_leds() 函式。而為了要確認程
式停止前 LED 已經全部熄滅，您可以使用 32 行的 trap 命令。這個命
令結合了 cleanup() 方法與最常見的離開訊號，因此如果您終止程式，
它將會在關閉前呼叫 cleanup() 函式。

　　現在所有的東西都已經初始化完成了，您可以開始設計警示器的
動作邏輯了。因此，您需要找到一個能判斷 Pi 目前記憶體容量狀態的
方法，而 free 指令就是這個問題的最佳解答。

pi@raspberry:~$ free

	total	used	free	shared	buffers	cached
Mem:	190836	40232	150604	0	6252	21068
-/+ buffers/cache:		12912	177924			
Swap:	0	0	0			

為了計算可用記憶體容量的百分比，您必須從 free 指令的輸出中將記憶體容量的總額與可用記憶體容量分割開來。處理完後，您必須依照百分比值點亮正確的 LED。以下是如何進行的方法：

gpio/memwatch.sh

Line 1 while :

- do
-    total=`free | grep Mem | tr -s ' ' | cut -d ' ' -f 2`
-    free=`free | grep Mem | tr -s ' ' | cut -d ' ' -f 4`
5   available=$((free * 100 / total))
-    echo -n "$available% of memory available -> "
-
-    if ["$available" -le 10]
-    then
10   echo "Critical"
-       set_led $red
-    elif ["$available" -le 30]
-    then
-       echo "Low"
15   set_led $yellow
-    else

```
-       echo "OK"
-       set_led $green
-       fi
20      sleep 10
-  done
```

　　記憶體監視器會不停地檢查當下的記憶體容量狀態，因此整個邏輯是以無限迴圈的方式執行。第 3 到 5 行是計算可用記憶體容量百分比，它的方法是藉由呼叫 free 命令兩次，並且分割相關的資訊。但請注意，這個解決方案有個潛在的問題，那就是如果在兩次 free 指令呼叫期間，記憶體容量發生了劇烈的變化，您得到的結果就會和實際狀況差很多。雖然這種情況發生的可能性不大，但仍有可能發生。因此如果以一個生產系統的標準來看的話，您必須改用更複雜的方法來決定當下記憶體的使用量。但是對一個原型來說，這樣已經夠用了。

　　接下來的幾行是將可用記憶體容量與幾個門檻值做比較，如果可用記憶體容量占總記憶體容量的百分比小於等於 10%，程式就會點亮紅色 LED；如果百分比介於 10% 與 30% 之間，程式就會點亮黃色 LED；如果百分比大於等於 30%，綠色 LED 就會閃爍。最後，程式會休眠十秒鐘，所以它不會浪費掉太多 CPU 資源。

　　現在在 shell script 輸入以上指令，或是藉由點擊程式碼上的檔案名稱把它下載下來，之後將它複製到 Pi 上。以下的敘述會讓程式碼可以執行：

pi@raspberry:~$ chmod a+x memwatch.sh

然後請按照以下的方式啟動：

pi@raspberry:~$ ./memwatch.sh

78% of memory available -> OK

為了測試「記憶體耗盡」警示，請開啟 LXDE 桌面環境並且在終端機上執行這個程式。然後打開一些應用程式，看看可用記憶體容量減少的狀況。

9.6 將 GPIO 的狀態展示在瀏覽器上

在第六章中，您已經學會如何在 Pi 上設定網路伺服器以及 PHP5，現在您可以使用這個網路伺服器在網頁瀏覽器上顯示您 Pi 的當下記憶體使用量。請將以下的 PHP 程式碼複製到您 Pi 上的 /var/www 目錄：

gpio/memwatch.php

```php
<?php
    function led_is_on($number) {
        $status = trim(@shell_exec("/usr/local/bin/gpio -g read " .$number));
        if ($status == "0") {
            return False;
        } else {
            return True;
        }
    }

    $green = 18;
    $yellow = 23;
    $red = 24;
```

```
echo "<h1>Memory Usage is ";
if (led_is_on($green)) {
    echo "OK";
}
elseif (led_is_on($yellow)) {
    echo "Low";
}
elseif (led_is_on($red)) {
    echo "Critical";
}
else {
    echo "Unknown";
}
echo ".</h1>";
?>
```

　　然後請用瀏覽器開啟 memwatch.php 檔。舉例來說，如果您 Pi 的 IP 位置是 192.168.2.109，那您必須使用 URL http://192.168.2.109/ memwatch.php。這樣您的瀏覽器就會顯示出一個簡短的訊息說明 Pi 上目前記憶體容量的情況。

　　即使您過去從未使用過 PHP，也應該能夠了解這個程式的功能。以 led_is_on() 函式來說，它呼叫 gpio 指令並且讀取 GPIO 針腳的目前狀態。如果針腳目前是處於開啟（on）的狀態，函式回傳 True；否則，函式回傳 False。之後，程式會檢查哪一顆 LED 是亮著，並且發出相對應的訊息。

　　如您所見，在網路上顯示電子裝置的狀態是很容易的。當然，您可以讓這個網頁更加多彩多姿，並將它弄得和現實生活中的紅綠燈一模一樣，但這已經超出本書的範疇。

9.7 萬一裝置無法運作怎麼辦？

製作您自己的電子裝置並非難如登天，但也不是一件簡單的工作。如果您以前從未玩過麵包板、LED 與電阻元件，那可能會有很多地方出錯。即便您的製作經驗很豐富，還是有可能會犯錯。

如果事情的發展不如預期，請別驚慌！通常問題的原因都很簡單，首先您應該檢查所有的零件是否都接到正確的針腳上了。接著檢查 LED 的安裝方向。同時確認所有的零件都正確接上了。將零件順利插入麵包板需要點技巧，特別是新買的麵包板（譯註:孔位會相當緊）。

別忘了要接上電源。另外，除非最基礎的版本可以順利運作，否則別繼續製作您的專題。

9.8 下一階段

在本章中，您學會了如何打造您自己的電子專題，以及透過 Raspberry Pi 來控制它們。即便使用的零件非常便宜，您還是能做出一些好玩又有用的東西。

如果您有野心想玩些進階的專題，應該要考慮購買 Pi 的擴充板。舉例來說，Gertboard [11] 與 Adafruit Prototyping Pi Plate [12] 這兩塊擴充板就有一些不錯的功能，讓您在製作原型時可以更容易。

---

11 http://www.raspberrypi.org/archives/411
12 http://adafruit.com/products/801

附錄 Linux 入門

　　最普遍用於 Pi 上的作業系統就是 Linux，特別是 Debian Linux 版本（Raspbian）。如果您到目前為止只使用過 Windows 或 Mac OS X 作業系統，Linux 系統可能會對您產生些許的文化衝擊，主要是因為在 Linux 系統上的圖形使用者介面（GUI，graphical user interface）並非標準配備，這意味著您可以不靠滑鼠去點選那些花花綠綠的圖像就能執行 Linux 系統。

　　儘管如此，您還是需要一種系統互動的方法，所以在 Linux 系統上您要利用殼層（shell）與它互動。shell 是一個小程式，它能從鍵盤上讀取您輸入的指令，然後將它們傳給作業系統（Linux）。在 Linux 執行指令後，shell 會將結果回傳給您。

　　shell 需在終端機下來執行，這可回溯到電腦發展史的初期。在那段古老的日子裡，您必須使用一臺不處理資料的終端機連接到「真正的」電腦上，而這臺終端機基本上只會將您的輸入轉達給電腦，並且將電腦的計算結果顯示在終端機上。現今您不再需要使用額外的終端設備了，但這些設備的精神不死，而且在 Linux 運作得相當不錯。

　　所以，無論何時您登入了一臺 Linux 電腦，終端機裡就會自動啟動一個 shell。在這個 shell 中，您能使用可在 Linux 電腦裡實際執行的指令集。

　　近來的 Linux 都附加了圖形桌面系統，這個系統與 Windows 與 Mac OS X 非常類似。還有，這些桌面系統搭載著終端機模擬器，您可以使用它來直接呼叫指令。您可以在 LXDE 桌面上找到終端機模擬器的捷徑，所以只要將游標移到捷徑圖式的上方然後雙擊它，這樣 Pi 就會啟動一個新的終端機視窗。

A1.1 第一次接觸

在登入 Pi 之後，或是從桌面上啟動新的終端機之後，您將會看到等待著您的指令的提示，這個提示如下：

pi@raspberrypi ~ $

它看起來沒什麼，但是它已經給了您很多的資訊。舉例來說，第一部分（pi@raspberrypi）告訴您，您的電腦名稱是 raspberrypi。它也告訴您，您的使用者名稱是 pi。這是個重要的訊息，因為 Linux 是一個多使用者的作業系統，這意味著可以有多個使用者同時使用一臺電腦（例如，同在一個網路內）。因此只要有需要，您可以隨時切換到另一個使用者帳號，所以說，知道自己當下的使用者帳號是個好的開始。

提示的下一部份包含了您目前所在的檔案系統路徑。這裡只有波浪字元（~），它代表使用者的主目錄（home directory）縮寫。為了儲存資料與配置檔案，每一個 Linux 使用者都有一個主目錄，它的作用類似 Windows 作業系統的我的文件（My Documents）資料夾或是 Mac OS X 作業系統的文件（Documents）資料夾。最後的美元字元（$）代表提示結束。

如果想要查看現行目錄（current directory）的內容，鍵入 ls，然後按下 Enter 鍵來執行 ls 指令。

pi@raspberrypi ~ $ ls

Desktop python_games

　　您現在所在的目錄包含兩個項目，名稱分別為 Desktop 與 python_games。只從它們的名稱看來，您無法分辨它們是一般檔案，還是目錄。幸運的是，您能以指令選項控制大部分 Linux 指令的行為。一般來說，這些選項只包含單一字母，這字母前還附帶一個破折號（-）。ls 指令支援許多選項，而當您傳給它 -l（「long」的縮寫）選項，它會顯示更多有關現行目錄裡的檔案資訊。

pi@raspberrypi ~ $ ls -l
total 8
drwxr-xr-x 2 pi pi 4096 Jul 15 19:36 Desktop
drwxr-xr-x 2 pi pi 4096 Jul 15 19:36 python_games

　　看起來有點可怕，但它真的很容易懂。對於目錄裡的每個項目，ls 顯示了圖 31 中所代表的資訊。

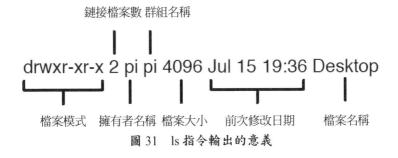

圖 31　ls 指令輸出的意義

　　檔案模式（file mode）包含了文件類型以及它的權限。如果第一個字元為破折號，這個檔案就是一般檔案；如果第一個字元是 d，代表這是個目錄。因此，Desktop 與 python_games 這兩個項目都是目錄。
　　接下來的 9 個字元是三組使用者的檔案存取權限：擁有者（owner）、群組（group）以及其他使用者（others）。從頭算起的 3

個字元是 rwx，它們意味著檔案的擁有者有對於該檔案讀取（r）、寫入（w）以及執行（x）的權限。對於目錄而言，執行（execute）代表「進入目錄（enter the directory）」。

Linux 系統裡的每一個檔案都屬於某一名使用者以及某一個群組的。群組協助建構團隊，這些一起工作的成員則使用了相同的資源。所以，對於每一個檔案，Linux 也儲存了群組權限。在眼下的例子中，群組的編碼是 r-x，這代表著群組成員能夠讀取和執行檔案，但是不能變更檔案。

最後，Linux 也為其他使用者儲存了權限，這些使用者既不是檔案的擁有者也不屬於檔案的群組。再一次，r-x 代表著其他使用者能夠讀取和執行檔案，但是不能變更檔案。

而 ls 輸出的下一個資訊是鏈接到檔案的數目。對於您的首次 Linux 之旅來說，您可以當作沒看到它。

然後您能發現檔案擁有者的名稱以及它的群組名稱。在這個例子中，兩個名稱都是 pi：也就是說，在目前的 Linux 系統中有個名為 pi 的使用者，也有個名為 pi 的群組。

接下來則是檔案大小。在 Linux 上，目錄也視為一個檔案，它們只包含儲存在目錄裡的檔案名稱。Linux 預設會分配一些記憶體空間給前面的這些檔案列表，以 Raspberry Pi 上 Debian 作業系統來說，檔案列表所佔的記憶體空間是 4,096 bytes。

在檔案大小的右側，您能看到最後一次檔案修改的日期。最後，ls 輸出檔案的名稱。

A1.2 瀏覽檔案系統

pwd（print working directory）指令會輸出您目前所在的目錄路徑。

pi@raspberrypi ~ $ pwd

/home/pi

如您所見，您的主目錄（~）已展開成絕對路徑 /home/pi。Linux
會區別絕對路徑與相對路徑。無論您在檔案系統的哪個地方，絕對路
徑總是以斜線（/）開始並對應到同一個檔案。相反地，相對路徑是相
對於您目前在檔案系統中的位置。以下的例子將說明絕對路徑與相對
路徑的差異。

正如您在前一節所看到的，Pi 的使用者主目錄包含了兩個目錄，
名稱分別為 Desktop 與 python_games。

pi@raspberrypi ~ $ ls

Desktop python_games

使用 cd（change directory）指令，您可以從現行目錄移動到另一個
目錄。

pi@raspberrypi ~ $ cd Desktop/
pi@raspberrypi ~/Desktop $

此刻您的現行工作目錄已經變更了，可以看見提示已經改變了，
並且您也可以利用 pwd 指令核對。

pi@raspberrypi ~/Desktop $ pwd

/home/pi/Desktop

要回到 Pi 的使用者主目錄，您有幾個選項。首先，您能呼叫 cd

指令與主目錄的絕對路徑。

pi@raspberrypi ~/Desktop $ cd /home/pi
pi@raspberrypi ~ $

另一個選擇是使用像這樣的相對路徑：

pi@raspberrypi ~/Desktop $ cd ..
pi@raspberrypi ~ $ pwd
/home/pi

縮寫 .. 代表著現行目錄的父目錄。在前面的指令中，您現行的工作目錄是 /home/pi/Desktop，當您執行 cd .. 指令時，您將工作目錄改變為 Desktop 的父目錄，也就是 /home/pi。

A1.3 編輯文字檔

許多 Linux 工具都得依賴組態檔案（configuration file），這些檔案大多數是一般的文字檔，而且您得常常編輯它們。在 Linux 上，您會找到許多用於終端機上的好用文字編輯器。如果您已經習慣使用圖形介面的文字編輯器，那麼大部分的 Linux 文字編輯器您都會覺得有點怪。nano 是一個簡單且直覺的文字編輯器，它會一直顯示那些最重要的指令捷徑，所以您不須要把它們背起來。接下來的指令會開啟 nano，以及建立一個取名為 hello.txt 的空白文字檔：

pi@raspberrypi ~ $ nano hello.txt

如以下的螢幕截圖，您可以看見 nano 顯示於終端機上的樣子。

您可以使用大部分的螢幕來編輯文字，所以鍵入一些文字並且利用方向鍵移動游標到處看看。在螢幕的底部您可以看到 nano 最重要的指令集。如果要呼叫這些指令，您必須按下 Ctrl 鍵以及屬於該指令的字母（^字元是 Ctrl 鍵的縮寫）。舉例來說，按下 Ctrl+X 就會離開 nano 程式。

當您這樣做的話，nano 不會就這麼忽略您之前的變更然後離開，它會問您是否要將變更過的結果存檔（如圖 32 所示）。如果您想儲存變更過的結果則鍵入 y，不想的話，則鍵入 n。如果您已經鍵入了 y，事情則還沒完，因為 nano 會請您確認檔名（如圖 33 所示）。

圖 32　使用 nano 文字編輯器存檔

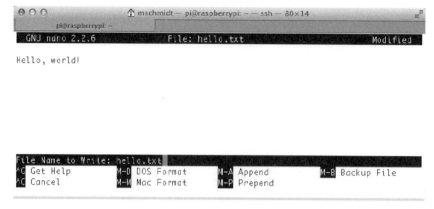

圖 33　nano 總會請您確認檔名

通常情況下，您會按下 Enter 鍵來直接存檔。而在螢幕的最底下有些實用的選項，例如，能讓您以不同的格式存檔。

如果您以後會常常用到 Linux，最好要熟悉它的任何一種文字編輯器。對初學者來說，nano 是很好的選擇，所以請花點時間多玩一下。

A1.4 管理使用者

Linux 是一個多使用者的作業系統——您可以在同一時間與不同的使用者在同一臺的電腦上工作。在這本書中，您的使用者帳號都是 pi，因為它是自動建立於 Raspbian 作業系統映像檔中。這是很方便，但有時您會需要為不同的任務建立不同的使用者。同時，pi 這個使用者帳號的權限非常高，它有完整的管理權限，幾乎能變更系統的一切設定。但您不會想將這麼完整的權限給予所有的使用者吧。最好只給某位使用者足以讓他完成工作所需的權限。只有這樣，您才不會不小心把系統弄爛。

利用 adduser 指令增加新的 Linux 使用者是很容易的。

pi@raspberrypi ~ $ sudo adduser maik

Adding user `maik' ...

Adding new group `maik' (1002) ...

Adding new user `maik' (1002) with group `maik' ...

Creating home directory `/home/maik' ...

Copying files from `/etc/skel' ...

Enter new UNIX password:

Retype new UNIX password:

passwd: password updated successfully

Changing the user information for maik

Enter the new value, or press ENTER for the default

→ **Full Name []: Maik Schmidt**

Room Number [ ]:

    Work Phone [ ]:

    Home Phone [ ]:

    Other [ ]:

→ **Is the information correct? [Y/n] Y**

　　您需要提供使用者帳號（為了方便起見，使用者帳號最好都是小寫的英文字母）、密碼，以及一些額外屬性，像是您的全名。在您確認所輸入的資訊無誤之後，Linux 會建立一個新的使用者與它的主目錄。下次啟動 Pi 時，您就能用這個使用者帳號來登入系統。如果您不想這麼麻煩，可以使用 su（substitute user identity）指令來切換為新使用者帳號。

pi@raspberrypi ~ $ su - maik
Password:

maik@raspberrypi ~ $ pwd
/home/maik
maik@raspberrypi ~ $ startx

su 會要求該使用者帳號的密碼，如果密碼正確，它就會切換到新的使用者。接著用 pwd 指令輸出現行工作目錄：在這個例子中，它就是新建立使用者的主目錄。如果您以 startx 指令開啟 LXDE 桌面，它就會用標準 LXDE 背景圖來歡迎您，如（圖 34 所示）。為了與使用者帳號 pi 有所區別，新的使用者預設會先進入桌面。

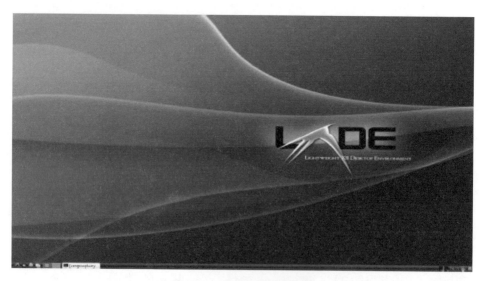

圖 34　LXDE 的預設外觀

當以使用者 pi 的身分工作時，您常使用 sudo 指令好以管理者的權限去執行指令。如果您試著以 rm（remove file）指令刪除一個不屬於您的檔案，看看結果會怎樣？

maik@raspberrypi ~ $ sudo rm /boot/config.txt

We trust you have received the usual lecture from the local System
Administrator. It usually boils down to these three things:

#1) Respect the privacy of others.

#2) Think before you type.

#3) With great power comes great responsibility.

[sudo] password for maik:

maik is not in the sudoers file. This incident will be reported.

這個指令會顯示警告訊息，然後詢問您的密碼。很明顯的，新的
使用者並沒有在 /boot 目錄刪除檔案的權限，所以 Linux 拒絕呼叫 rm
指令。

雖然拒絕新的使用者進行有危險性的操作是個不錯的預設行為，
但有時使用者還是需要更多的權限。如果您想給予新的使用者如同使
用者 pi 一樣的超高權限，您必須將這個使用者加入 sudoers 檔案中。
這個檔案裡有個使用者列表，裡頭列出了所有可以執行 sudo 指令權限
的使用者，並且也詳細說明了每名使用者可以執行哪些動作。您無法
直接編輯 sudoers 檔案——您必須使用 visudo 指令，它預設會呼叫文字
編輯器 vi。如果想使用像是 nano 這種其他的文字編輯器來編輯檔案，
您需要在指令列指定（請再次確認您現在的身分是 pi）。

pi@raspberrypi ~ $ sudo EDITOR=nano visudo

這樣就可以使用 nano 文字編輯器來打開 /etc/sudoers 檔案。在這
個檔案中，您會發現一段像這樣的文字：

```
# User privilege specification
root    ALL=(ALL) ALL
suse    ALL=(ALL) ALL
pi      ALL=(ALL) ALL
```

按照前面三列的內容，新增一列，但記得要將使用者名稱換成您所要的新使用者名稱。如果您是使用 nano 來編輯檔案，按下 Ctrl+X 並確認您要儲存變更。最後確認檔名就大功告成了──現在您的新使用者權限已經和使用者 pi 一模一樣了。

如果您不再需要某個使用者帳號，那就應該將它刪除掉。

pi@raspberrypi ~ $ sudo userdel maik

以上的指令只會刪除使用者帳號，而不會刪除該使用者的檔案。這只能使該使用者無法再登入系統，但是他或她所建立在主目錄的檔案仍然會在那裏。如果您想同時刪除該使用者的所有檔案，可以執行以下的指令：

pi@raspberrypi ~ $ sudo userdel -r maik

如果想變更使用者的屬性，例如主目錄，您可以使用 usermod 指令。這個指令讓您可以鎖住或是解開帳戶。

pi@raspberrypi ~ $ sudo usermod -L maik

這樣將會鎖住使用者名稱為 maik 的帳戶，如此這位使用者就無法登入系統了。要解開帳戶，則可以執行以下的指令：

pi@raspberrypi ~ $ sudo usermod -U maik

您也可以使用 man 指令讀取 usermod 的說明文件（以及其他每一個 Linux 指令的說明文件）。

pi@raspberrypi ~ $ man usermod

這樣可以顯示指令的說明文件。您可以隨時輸入 Q 來停止 man 指令。

另一個重要的功能就是改變使用者密碼，您可以利用 passwd 指令做到。

pi@raspberrypi ~ $ passwd maik
Changing password for maik.
Old Password:
New Password:
Retype New Password:

passwd 要求您輸入目前的密碼，接著要求您輸入新的密碼。如果一切順利的話，它不會輸出任何訊息，然後這名使用者就有新的密碼了。

A1.5 管理程序

無論何時您在 Linux 系統上執行一個指令或是應用程式，作業系統核心都會產生一個新的程序。您可以用 ps 指令列出目前執行中的程序。

pi@raspberrypi ~ $ ps

```
PID   TTY       TIME   CMD
1880  pts/2    00:00:00   bash
1892  pts/2    00:00:00   ps
```

此時，您只有兩個程序在執行。第一個程序的程序編號（PID）
是 1880，它屬於一個叫作 bash 的指令（在您系統上的程序 ID 會有所
不同）。這個程序屬於您目前正在工作的 shell。有著 PID 1892 的程序
是屬於 ps 指令，您剛剛用它來列出目前正在使用的程序。在您看到 ps
指令輸出的同時，程序 1892 早已消失。想再看一次的話，請再次執行
ps 指令。

pi@raspberrypi ~ $ ps
```
PID   TTY      TIME   CMD
1880  pts/2   00:00:00   bash
1894  pts/2   00:00:00   ps
```

如您所見，shell 的 PID 依然是 1880，但是您方才對於 ps 的呼叫
是由 PID 1894 的新程序所處理的。

您可以利用 -f 選項取得更多有關這些程序的資訊。

pi@raspberrypi ~ $ ps -f
```
UID    PID    PPID   C   STIME    TTY     TIME     CMD
pi     1880   1879   0   12:51   pts/2   00:00:00   -bash
pi     1895   1880   0   12:58   pts/2   00:00:00   ps -f
```

現在您能看到產生了某個程序的使用者 ID（UID）。不出所料的，
對於以上所有的程序來說，UID 就是 pi。除了 PID 之外，您還能看見

父程序 ID（PPID），這是建立了另一個程序的程序 ID。舉例來說，
您曾經執行過的 ps -f 指令就有著 PPID 1880。這是您所使用的 shell 的
PID。所以，shell 是 ps -f 指令所建立程序的父程序。

要看到所有有關於目前在您 Pi 上執行程序的訊息，請執行以下的
指令：

pi@raspberrypi ~ $ ps -ef

這將會顯示一個相當長的程序列表，其中包含了您的 Pi 所啟動的
每一項 Linux 服務。

取得所有活動中的程序列相當有用，但您通常會為了某個原因而
需要尋找某個程序。也許是這個程序使用了太多的資源或是處理時間
過長，而您想將終止它。但是要如何才能終止一個程序呢？

當您直接從 shell 開啟程序時，要終止這個長時間執行的程序是很
容易的。來示範一下吧，以下的指令會搜尋您 SD 卡裡所有的文字檔，
所以它要花很長一段時間才能完成：

pi@raspberrypi ~ $ find / -name '*.txt'

儘管程序仍在執行，您還是可以在鍵盤上按下 Ctrl+C 來終止它。當
您按下 Ctrl+C 時，shell 會辨識出您所按下的鍵，並且傳出一個訊號給當
下仍在執行的程序。訊號是一個小訊息，所有程序都會在背景裡監聽它。
按下 Ctrl+C 會產生一個叫作 SIGINT 的訊號，這個訊號告訴程序，它被
打斷了。只要程序收到 SIGINT 訊號，它通常會清除相關資源後終止。

對於在終端機裡執行的程序來說，按下 Ctrl+C 是一個好選項，但
如果您需要終止的程序是在背景裡執行時那要怎麼做呢？舉例來說，
在預設的情況下，大多數的 Linux 服務是在背景裡執行的，而且您不

需要親自動手執行它們。在這種情況下，您必須找出程序的 PID 並對它發送 kill 指令。

pi@raspberrypi ~ $ kill 4711

以上的指令傳了一個 SIGTERM 指令給 ID 4711 的程序。您也可以在 kill 指令中一併發送其他訊號。舉例來說，在任何情況下以下的指令都會終止 PID 4711 的程序：

pi@raspberrypi ~ $ kill -KILL 4711

當然，您需要有終止該程序的權限。一般來說，您只能終止您自己所發起的程序。

A1.6 關機與重新啟動 Pi

當您完成工作後，您不應該粗魯地將 Pi 的電源關掉。這可能會導致資料流失。請記得使用以下的指令關機：

pi@raspberrypi ~ $ sudo shutdown -h now

如果您要重新啟動 Pi，請使用以下的指令：

pi@raspberrypi ~ $ sudo reboot

A1.7 取得幫助

打從一開始，Unix/Linux 作業系統就有著很棒的文件系統，這個系統叫作手冊頁（man pages）。無論何時您需要查看某個指令的選項時，可以用 man 指令來顯示它的手冊。舉例來說，要查看 ls 指令所有的選項，可以執行以下的指令：

pi@raspberrypi ~ $ man ls

按下向下的方向鍵，卷軸可以向下滾動一行。按下向上的方向鍵，卷軸可以向上滾動一行。按下空白鍵，卷軸會向下滾動一頁。按下 Ctrl+B，卷軸會向上滾動一頁。按下 Q 鍵就會離開程式。

man 指令本身有很多選項，想要知道有那些選項，可以執行以下的指令：

pi@raspberrypi ~ $ man man

Raspberry Pi快速上手指南

Raspberry Pi：A Quick Start Guide

作　　者：梅克・施密特（Maik Schmidt）

譯　　者：周均健、謝瑩霖

總 編 輯：呂靜如

系列主編：周均健

執行編輯：黃渝婷

行銷企劃：鍾珮婷

版面構成：吳怡婷

出　　版：泰電電業股份有限公司

地　　址：臺北市中正區博愛路七十六號八樓

電　　話：(02)2381-1180　傳真：(02)2314-3621

劃撥帳號：1942-3543 泰電電業股份有限公司

馥林網站：www.fullon.com.tw

總 經 銷：時報文化出版企業股份有限公司

電　　話：(02)2306-6842

地　　址：桃園縣龜山鄉萬壽路二段三五一號

印　　刷：普林特斯資訊股份有限公司

■二〇一三年三月初版

　二〇一四年八月三刷

定　　價：420元

I S B N：978-986-6076-59-6

版權所有・翻印必究

■本書如有缺頁、破損、裝訂錯誤，請寄回本公司更換

國家圖書館出版品預行編目資料

Raspberry Pi快速上手指南／梅克・施密特（Maik Schmidt）著／周均健、謝瑩霖譯. --初版. - 臺北市：泰電電業，2013. 03

面；　公分

譯自：Raspberry Pi：A Quick Start Guide

ISBN　978-986-6076-59-6（平裝）

1.微電腦 2.電腦程式設計

312.54　　　　　　　　　　102002924

Raspberry Pi：A Quick Start Guide by Maik Schmidt

© 2013 TAI TIEN ELECTRIC CO., LTD. Authorized translation of the English edition. © 2012 The Pragmatic Programmers, LLC. This translation is published and sold by permission of The Pragmatic Programmers, LLC., the owner of all rights to publish and sell the same.